设 计 师 的

服装与服饰设计

色彩搭配手册

李 芳———— 编著

清华大学出版社
北京

内 容 简 介

这是一本全面介绍服装与服饰设计的图书,其突出特点是通俗易懂、案例精美、知识全面、体系完整。

本书从服装与服饰设计的基础理论知识入手,由浅入深地为读者呈现精彩实用的知识、技巧、色彩搭配方案、CMYK数值。本书共分为7章,内容分别为服装设计的基础知识、认识色彩、服装与服饰设计基础色、服装设计的图案与面料、常见服装风格、服装与服饰的类型、服装与服饰设计经典技巧等。书中在多个章节安排了常用主题色、常用色彩搭配、配色速查、色彩点评、推荐色彩搭配等经典模块,增强了实用性。

本书内容丰富、案例精彩、服装与服饰设计技巧新颖,适合服装设计等专业的初级读者学习使用,也可以作为大、中专院校服装设计专业、服装设计培训机构的教材,还非常适合喜爱服装与服饰设计的读者朋友作为参考用书。

图书在版编目(CIP)数据

设计师的服装与服饰设计色彩搭配手册 / 李芳编著. —北京:清华大学出版社,2021.4
ISBN 978-7-302-57565-8

Ⅰ.①设… Ⅱ.①李… Ⅲ.①服装设计-色彩学-手册②服饰-设计-色彩学-手册
Ⅳ.①TS941.2-62

中国版本图书馆CIP数据核字(2021)第028964号

责任编辑:韩宜波
封面设计:杨玉兰
责任校对:李玉茹
责任印制:丛怀宇

出版发行:清华大学出版社
    网 址:http://www.tup.com.cn,http://www.wqbook.com
    地 址:北京清华大学学研大厦 A 座   邮 编:100084
    社 总 机:010-62770175   邮 购:010-62786544
    投稿与读者服务:010-62776969,c-service@tup.tsinghua.edu.cn
    质 量 反 馈:010-62772015,zhiliang@tup.tsinghua.edu.cn
印 装 者:三河市君旺印务有限公司
经 销:全国新华书店
开 本:185mm×210mm   印 张:9.6   字 数:295 千字
版 次:2021 年 4 月第 1 版   印 次:2021 年 4 月第 1 次印刷
定 价:69.80 元

产品编号:088374-01

　　这是一本普及从基础理论到高级进阶实战服装与服饰设计知识的书籍，以配色为出发点，讲述服装与服饰设计中配色的应用。书中包含了服装与服饰设计必学的基础知识及经典技巧。本书不仅有服饰设计方面的基础理论、精彩的案例赏析，还有大量的色彩搭配方案、精确的CMYK色彩数值，读者既可以赏析，又可作为工作案头的素材书籍。

本书共分7章，具体安排如下。

　　第1章为服装设计的基础知识，介绍服装设计的前提条件、认识服装、服装设计的基本流程、服装的组成结构与专业术语。

　　第2章为认识色彩，包括色相、明度、纯度、主色、辅助色、点缀色、色相对比、色彩的距离、色彩的面积、色彩的冷暖。

　　第3章为服装与服饰设计基础色，包括红色、橙色、黄色、绿色、青色、蓝色、紫色，以及黑、白、灰。

　　第4章为服装设计的图案与面料，包括服装设计的图案、服装设计的面料。

　　第5章为常见服装风格，包括18种常见的服装设计风格。

　　第6章为服装与服饰的类型，包括8种服装类型和9种服饰类型。

　　第7章为服装与服饰设计的经典技巧，精选了14个设计技巧。

本书特色如下。

■　轻鉴赏，重实践

　　鉴赏类书只能看，看完自己还是设计不好，本书则不同，全书提供了多个动手模块，读者可以边看边学边练。

■ **章节合理，易吸收**

第1~2章主要讲解了服装与服饰设计的基本知识；第3~6章介绍了服装与服饰设计的基础色、图案与面料、风格、类型；第7章以轻松的方式介绍了14个设计技巧。

■ **设计师编写，写给设计师看**

本书针对性强，而且侧重于满足读者的需求。

■ **模块超丰富**

常用主题色、常用色彩搭配、配色速查、色彩点评、推荐色彩搭配在本书都能找到，能充分满足读者的求知欲。

在本系列图书中，读者不仅能系统地学习服装与服饰设计的技巧，而且还有更多的设计专业知识供读者选择。

本书希望通过对知识的归纳总结、趣味的模块讲解，打开读者的思路，避免一味地照搬书本内容，促使读者必须自行多做尝试、多理解，提高动脑、动手的能力。希望通过本书，激发读者的学习兴趣，开启设计的大门，帮助您迈出第一步，圆您一个设计师的梦！

本书由李芳编著，其他参与编写的人员还有董辅川、王萍、孙晓军、杨宗香。

由于作者水平有限，书中难免存在错误和不妥之处，敬请广大读者批评和指正。

编　者

CONTENTS 目录

第5章
常见服装风格

第6章
服装与服饰的类型

第7章
服装与服饰设计经典技巧

1

第1章

服装设计的
基础知识

在设计服装与服饰之前，设计师首先应考虑这件服装穿着的地点、场合和人物身份，其次要考虑服装的造型、色彩、面料等，最后还要了解服装设计中的形式美法则。在本章中我们将会学习这些内容。

在进行服装设计之前首先需要考虑几个问题，即所设计的服装是春夏装还是秋冬装？这件衣服是在办公场所穿着还是在家中穿着？要给什么样的人穿着，婴儿还是中年男子？不同的答案对应着不同的设计方案，所以，在设计服装之前首先需要对性别、年龄、环境、季节等因素进行全方位的考量。综合来说就是在服装设计中需要遵循几个原则，即"时间、场合、环境、主体、着装者"原则。

1.1.1 时间

时间是很宽泛的词语，例如不同的季节选择不同的衣服，不同的季节对衣服的面料、材质、颜色都会有不同的要求。另外，一些特殊的场合甚至对服装设计提出了特别的要求，例如毕业典礼、结婚庆典等场合。下图为春夏款服饰和秋冬款服饰。

1.1.2　场合、环境

　　在生活中处于不同场合对服饰也有着不同的要求。例如宴会穿着礼服才能体现宴会的庄重和高端，公司白领穿着OL风格的服装才能衬托出自己的职业属性等。一款优秀的服装设计必然是服装与环境的完美结合，服装充分利用环境因素，在背景的衬托下才能更具魅力。所以服装设计师在设计服装时要根据不同场合的礼仪和习俗来设计。下图分别为在日常休闲时的女性着装以及参加宴会时的女性着装。

1.1.3　主体、着装者

　　服装设计的最终目的是要穿着在人身上。但是人体千差万别，美感各有不同，服装造型的目的就是要彰显人体的美，弥补人体的不足。并且，在服装设计之初，应最大限度地符合人体结构规律和运动规律，使之穿着舒适、便于活动。下图分别为成年女性和成年男性穿着的服装。

1. 女性人体结构的特点

女性在成长过程中，身体的形态会发生很大的变化。到青春期后，胸部开始发育隆起，腰部纤细，臀部丰满，渐渐形成了女性形体特有的曲线美，但是少女体形扁平、瘦长，三围间距不是很明显；青年女性较为丰满，胸、腰、臀差较明显；中年女性肌肉开始松弛，所以胸部下垂，背部前倾，腹部脂肪堆积隆起，腰围、胸围加大。女性体态的美感主要体现在躯干和四肢形成的直线与肩、胸、腰、臀形成的曲线上。下图为不同年龄段的女性身体形态。

2. 男性人体结构的特点

男性整体肌肉发达，肩膀宽厚，躯干平坦，腿比上身长，呈现倒三角形。男性年轻时躯干挺直，老年时躯干弯曲。男性还有胖瘦之分，体瘦的男子形态单薄，男性特征不明显；体胖的男性因脂肪堆积而臃肿，也会失去男性的体形特征，如左下图所示，除此之外，西方男性胸厚而宽，身材高大；东方男性胸薄而窄，背部扁平，身材略矮。右下图为不同年龄段的男性。

1.2 认识服装

服装造型的好与坏直接影响服装的设计感和美感。服装的造型设计有很多种，有上窄下宽的"A形"，有上下等宽的"H 形"，有上宽下窄的"V形"，还有中间窄的"X形"。

1.2.1 服装的造型

服装的造型是设计的重点，甚至可以说服装的外轮廓设计是一门视觉艺术，通过裁剪与缝合，应使布料呈现出雕塑一般的美感。或与人体紧密贴合，或独立于身体自行延伸或膨胀，服装的造型可谓千变万化。服装造型的分类方式也有很多种，如果按照字母法进行分类基本可以归纳成A、H、X、V四个基本类型。下面我们逐一进行介绍。

1. A形造型设计

A形服装的特征主要是上装肩部合体，腰部宽松，下摆宽大；下装腰部收紧，下摆宽大。在视觉上有类似字母"A"上窄下宽的效果。

2. H形造型设计

H形服装主要以肩膀为受力点，肩部到下摆呈一条直线，款型显得十分简洁、修长。

3. V形造型设计

V形服装的特征主要为上宽下窄，肩部设计较夸张，下摆处收紧，极具洒脱、干练的效果。

4. X形造型设计

X形服装的肩部设计通常显得比较夸张，腰部收紧，下摆宽大。所以也被称为沙漏形，是一种能够很好展示女性躯体美的服装造型。

提示：服装造型法则

服装设计虽然是一门艺术，但是设计者不能背离现实生活。它既要考虑服装的可穿性，还要考虑艺术性与审美性。因此，款式与造型设计已经成为服装设计的难点与突破点。

1. 几何造型法

几何造型法是利用简单的几何模块进行重新组合，例如，用透明纸做成几套简单的几何形，如正方形、长方形、三角形、梯形、圆形、椭圆形等，把这些几何形放在相当比例的人体轮廓上进行排列组合，直到获得满意的轮廓为止。

2. 廓形移位法

廓形移位法是指同一主题的廓形用几种不同的构图和表现形式加以处理，用来反映服装特征的部位，例如颈、肩、胸、腰、臀、肘、踝等进行形态、比例、表现形式的诸多变化，从而获得全新的服装廓形，这种廓形移位法既可用于单品设计，也可用于系列服装的廓形设计。

3. 直接造型法

直接造型法是用布料在模特身上直接进行造型，通过大头针进行别样的方法完成外轮廓的造型设计。这样的造型方法可以一边创作，一边修改。采用直接造型法的优势在于，可以创造较合身或较繁复的外轮廓造型，还可培养设计者良好的服装感觉。

1.2.2　服装的色彩

　　色彩在服装设计中占据很重要的位置。在学习服装搭配时，最先要了解的是如何有效地运用色彩。例如，什么是色彩，不同色彩代表什么性格，不同的色彩对比会产生什么效果，色彩如何搭配才好看等。

1.2.3　服装的面料

　　服装的面料是进行整体服装设计的基础，可分为主要面料和辅助面料。

　　日常生活中人们要出入各种场所。比如，出入工作场所，最好穿着面料硬挺、花样简洁的服装，显得整体干练笔挺；出入社交场所时，可以大胆使用适宜场合的服装面料与色彩。

　　服装的面料有很多种，有柔软飘逸的"雪纺"，有质感柔滑的"丝绸"，有轻薄性感的"蕾丝"，有雅致舒适的"呢绒"，有飘逸轻盈的"薄纱"，有张扬帅气的"皮革"，有清新恬静的"麻织"，有洒脱个性的"牛仔"，有温暖甜美的"针织"。在本小节中，我们将简单地进行介绍。

1. 雪纺面料

雪纺面料质地较为轻薄柔软，垂坠感很好，外观清淡雅洁，穿着舒适，适合制作夏季服饰。

2. 丝绸面料

丝绸面料质感柔顺、光滑，常给人以高贵、典雅的感觉。而且该面料飘逸感极强，是女性服饰常用的材料之一。

3. 蕾丝面料

蕾丝面料质地轻薄通透，能够营造出优雅、性感的视觉效果，常运用在各种礼服、内衣等服装上。

4. 呢绒面料

呢绒面料质地厚重，手感温暖、柔和，通常用于秋冬季节的服饰选料。

5. 薄纱面料

薄纱面料质地较轻薄，能够打造出若隐若现的视觉效果，所以常被用来制作柔美飘逸的婚纱、礼服等。

6. 皮革面料

皮革面料手感平滑，富有光泽质感，所以给人一种硬朗与强势的感觉。因其密度较高，保暖性能较好，所以是很适合用于制作秋冬季节的服装面料。

7. 麻织面料

麻织面料手感粗硬，弹性较差，缩水率较大，所以不宜用于紧身或运动装的设计，可作为休闲服饰的面料选择。

8. 牛仔面料

牛仔面料可塑性极强，可用于四季的服装搭配设计，且牛仔面料能够和各种元素进行搭配。

9. 针织面料

针织面料质地柔软、延展性强，又具有很好的弹性，可用于多种风格的服装搭配设计。针织面料的服饰是春秋换季常穿的一种服装。

1.2.4 服装的图案

服装设计的魅力得益于以图案的多元化来增强服装的艺术气息，成为人们追求个性美的一种特殊要求。图案元素越多地融入服装设计之中，服装的风格特征越独特。

服装的图案有很多种，大致可分为"植物""动物""人物""风景""几何"这几大类。在本小节中，我们将简单地进行介绍。

1. 植物图案

在服装设计中，植物图案的应用是最为广泛的。因为其给人一种秀美、婉约的美感，所以，女性服装中植物的出现是最频繁的。服饰图案中的植物形象，特点在于生动、趣味。

2. 动物图案

在服饰中，动物图案的运用也比较常见，使用频率仅次于植物。这是由动物图案的一些本质特征所决定的。首先，动物图案是一个机体的组合，不适合做任意的分解组合，所以缺乏灵活性。其次，动物的形态、特征在人们的印象中根深蒂固，并带有一定的情感倾向，所以动物图案的象征性比其他形象更为具体。

3. 人物图案

人物图案在服装设计中也较为常见，而人物造型的手法又十分多样，如简化、夸张、写实、组合等。人物形象在服饰图案中的表现极为丰富多彩。

4. 风景图案

风景图案在服装设计上的应用并不多见，仅用于休闲服和一些展示服装。由于所涵盖的内容较繁复，在服装上作为一个特定的装饰元素不可能全都用上，所以在服饰设计中，可以采用简练、概括、抽象的方式加以运用。

5. 几何图案

几何图案在服装设计中最为常见，由于几何具有千变万化的特点，所以常用于服装图案设计中。

1.2.5　服装的裁剪

裁剪是服装设计的基础知识。从制作服装的平面图设计直到裁剪衣料的过程统称为服装的裁剪。服装的剪裁可分为"平面裁剪""立体裁剪"两大类。因男、女人体的躯干差异较为明显，所以应按照性别、款式等，采用不同的裁制方法，使服装穿着更加合身、更加美丽舒适。

1. 平面裁剪

设计好的衣服应在裁剪时具体化，然后以人体所测量的尺寸，绘制成平面设计展开图，其特点在于尺寸较为固定，操作性较强。

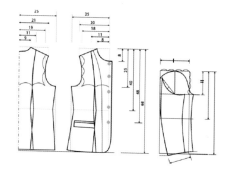

2. 立体裁剪

立体裁剪即将试样布披挂在人体模型上进行直接剪裁和设计，其特点是有效地体现了人体曲线造型，准确地把握裁剪和直观的美感。

设计师在进行服装设计之前，一般都有一个激发灵感进行构思的过程，继而通过一系列步骤去实现这一创作灵感。服装设计的基本流程包括了解设计要求、收集整理信息、灵感构思、设计图稿、制作样衣、试衣、裁剪与缝制、修整与质检等。

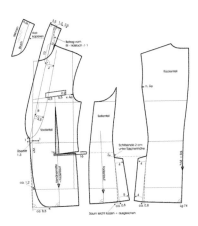

1. 了解设计要求

设计师一般应根据设计任务来分析设计要求，而设计任务来自服装公司、服装设计比赛征稿、私人订制等。分析内容包括设计的范围、工作量、服装种类、面料、价格、季节、品牌风格与背景等。

2. 收集整理信息

在收集整理信息的过程中，设计师的工作包括市场调研、查阅相关资料、研究流行趋势、寻找新的创意点、获取灵感等。

3. 灵感构思

灵感构思包括确定服装造型、色彩，选择面料，研究服装结构与工艺，对样衣穿着效果的设想等。

4. 设计图稿

设计图稿是以绘画的形式将设计构思表现出来，包括服装效果图和服装款式图两种形式。服装效果图是指与人物结合表现穿着效果的设计图，较为真实、形象。服装款式图是指通过将服装平铺表现服装特征的设计图，着重表现平面图形，比较简洁明了。图稿还应绘制出服装工艺与细节等内容。

5. 制作样衣

制作样衣的环节包括确定样衣规格、打板、试制样衣。服装在进行结构设计之前必须确定各部位的尺寸，制定规格包括测量穿着者身体各部位尺寸和分析整理数据，并最终确定成衣尺寸。

确定尺寸之后，就要进行结构设计。根据服装的造型和规格绘制图形并裁剪，为了真实、具体地展现服装的款式，对服装面料的薄厚、轻重、软硬要慎重考虑。

在确定服装版型后，为确保成衣质量，需要使用其他材料试制样衣，对裁好的衣片进行假缝处理。一旦发现服装结构不合理之处可以立即修改。

6. 试衣

试衣是指在服装制作过程中以及制成之后进行试穿，并对结果加以分析。一旦发现不合理之处，应及时修改，之后再次进行试穿。这一环节可多次重复，以使服装获得理想的效果。

7. 裁剪与缝制

在对样衣进行修改之后就可进入裁剪面料的阶段。在对面料进行一系列处理，包括检查面料外观、质量，预缩水处理，熨烫试验，清洁表面等之后，就可以正式裁剪面料。裁剪完成后就要对面料进行缝制处理。

缝制是指对最终完成的样衣进行缝合。缝制过程中可以再次假缝、试衣和修改。缝制环节还包括熨烫、钉纽等工艺。

8. 修整与质检

在完成一系列设计环节后，还需对样衣进行最后的修改与质检，整理设计资料，当成衣与预想效果一致时，设计过程便结束了。接下来的工作是生产以及销售。

服装设计结构图可以体现服装轮廓的设计特点。通过服装设计结构图与成品的对比，能将服装整体设计组成结构分解成独立的步骤，就是正确的结构组成方法。而且精致的剪裁缝制工艺，是服装设计组成结构成功的关键所在。

1.4.1 组成结构

由于采用的剪裁方法和实践经验相异，不同的设计师对同一款式服装会得出互有差异的结构图，虽然他们可以做到不缺少一个部件，但是其服装风格各有不同。

大致的服装组成结构可分为上衣、下衣。若要细分，上衣又可分为多个组成部分，例如，衣领、袖子、口袋、腰头等。所以不同的服装，组成结构有所不同。

1.4.2 专业术语

大部分学科或专业都有自己的概念和术语。如同制图符号一样，术语也是一种语言，一种在行业内经常使用和交流的语言。而专业术语不仅有利于提高学习和工作效率，且便于行业内人士之间的交流。

服装款式：指服装的式样，常指样式因素，是造型要素中的一种。

服装造型：指由服装造型要素构成的总体服装艺术效果。造型有款式、配色与面料三大要素。

服装轮廓：是指服装的剪裁所呈现的效果。它是服装款式的第一视觉要素。

款式设计图：是指体现服装款式造型的平面图。款式设计图是服装设计师必须掌握的基本技能，也是表达服装样式的基本方法。

服装效果图：是指服装设计完成后，将其穿在人的身上，并进行展示的效果图。

第2章

认识色彩

色彩是服装设计的三大基本要素之一，具有强大的装饰性。一件色彩搭配和谐、精致夺目的服装，会给人们带来视觉上的享受。色彩可以传递信息、表达情感。在欣赏一件服装时，可以感受到设计师倾注其中的创意想法以及穿着者想要展现的个人情感。服装设计的基础色分为红、橙、黄、绿、青、蓝、紫、黑、白、灰。色彩在服装设计中占据着不可替代的位置，既能表达出穿着者的性格、心理，同时也会影响观者的情绪。服装本身的属性是一种商品，根本上是服务于人的，只有合理地运用色彩，才能更好地展现服装的魅力。

> 和谐的色彩搭配可以使服装更加精致，准确把握色彩的特征进行搭配，可以更好地凸显服装风格。

> 让色彩带有节奏感。根据色相、明度、纯度、冷暖、面积等因素的不同，将它们有序地组合，可以使服装产生更加震撼的视觉效果。

红—750～620nm

橙—620～590nm

黄—590～570nm

绿—570～495nm

青—495～475nm

蓝—475～450nm

紫—450～380nm

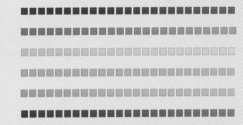

色相是指色彩的基本相貌，是表示某种颜色色别的别称，其是色彩的首要特征，也是区分不同色彩的标准。

■ 色相是各类色彩的相貌。

■ 基本色相：红、橙、黄、绿、青、蓝、紫。

■ 除了黑、白、灰之外的色彩都有色相。

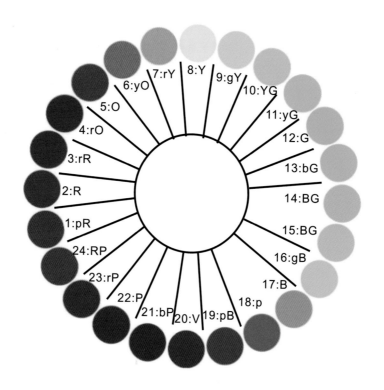

明度是指色彩的明亮程度，既包括不同色彩的明度变化，也包括同一种色彩的明暗变化。明度是无彩色和彩色共有的属性。

■ 明度越高的服装，色彩越鲜艳，给人热情、朝气、活跃的感觉。

■ 明度越低的服装，色彩越暗淡，给人沉着、低调、稳重的感觉。

■ 中明度色调的服装，给人柔和、优雅、内敛的感觉。
■ 依明度高低顺序排列各色相，为黄、橙、绿、红、蓝。

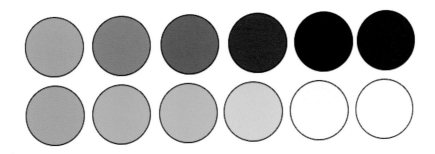

　　纯度是指色彩的鲜艳程度，也可称为饱和度，是指色彩中有色成分的比例，比例越大，则色彩纯度越高。

■ 高纯度的颜色给人活泼、鲜明、醒目的感觉。
■ 中纯度的颜色给人柔和、适宜、平静的感觉。
■ 低纯度的颜色给人沉着、内敛、质朴的感觉。

高纯度　　　　　中纯度　　　　　低纯度

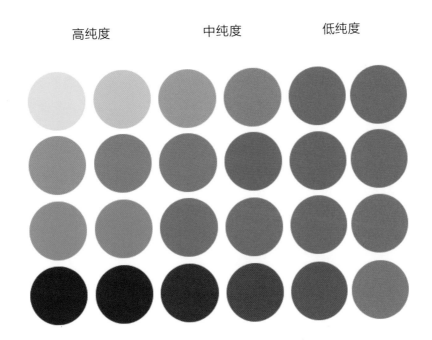

2.2 主色、辅助色、点缀色

人们对于服装的直观印象来源于服装色彩，色彩是最能抓住人们视线的设计元素。主色、辅助色、点缀色是服装色彩构成中的重要部分，主色决定服装整体色彩调性，辅助色和点缀色围绕主色搭配来完成服装的色彩设计。合理运用主色、辅助色和点缀色可以使服装更具层次感，获得更好的视觉效果。

2.2.1 主色

主色是整件服装中占据面积最大的色彩，主色确定了服装的色调，继而决定着一件服装的风格；还影响观者对服装的印象。例如，将黄色作为主色，则使服装呈暖色调，使服装偏向于活泼、温暖、明快的风格。

这套服装以橘褐色为主色，使用黑色作为辅助色，整体服装的色彩明度较低，给人稳重、成熟、大方的感觉。金色作为点缀色使用极具视觉吸引力，既保持了服装整体色调的和谐，又为服装增添了亮点。

CMYK: 27,85,93,0　CMYK: 80,81,79,65
CMYK: 7,29,75,0

推荐配色方案

CMYK: 7,10,41,0　　CMYK: 7,81,24,0
CMYK: 6,75,94,0

CMYK: 24,25,93,0
CMYK: 52,98,100,35

这套服装以紫色为主色，大面积的紫色给人浪漫、优雅的感觉。薄荷绿作为辅助色使服装更具活力、清新的感觉。服装整体色彩明度较高，具有较强的视觉吸引力。

CMYK: 30,53,4,0　CMYK: 71,100,33,1
CMYK: 27,0,20,0

推荐配色方案

CMYK: 30,21,9,0　　CMYK: 30,53,4,0
CMYK: 80,81,79,65

CMYK: 86,45,61,2　　CMYK: 11,0,32,0
CMYK: 94,100,52,4

2.2.2 辅助色

　　辅助色在服装整体色彩中的面积仅次于主色，它的作用是突出主色，并搭配主色使服装整体色彩更加完整、协调，使服装更具层次感，给人们带来美的享受。

　　这套服装以红色作为主色，白色为辅助色。高纯度的红色给人直爽、活跃的印象，而大面积的红色会产生较强的视觉刺激性，搭配白色会相对减弱红色的冲击性，使服装的色彩更加柔和，给人利落、大方的感觉。

CMYK: 7,91,72,0
CMYK: 0,0,0,0
CMYK: 85,82,75,62
CMYK: 11,4,74,0

推荐配色方案

CMYK: 3,37,17,0　　　CMYK: 91,61,40,1
CMYK: 0,0,0,0

CMYK: 24,0,21,0
CMYK: 75,76,16,0

　　这件连衣裙以黑色作为主色，低明度的色彩显瘦的同时给人内敛、优雅、端庄的感觉。以粉色作为辅助色，提高了服装的明度，增强了服装的活泼感，使服装更具甜美与活力感。

CMYK: 84,81,78,65
CMYK: 0,33,1,0
CMYK: 3,11,40,0

推荐配色方案

CMYK: 27,15,0,0　　　CMYK: 2,36,32,0
CMYK: 4,71,28,0

CMYK: 83,42,35,0
CMYK: 74,22,11,0

2.2.3 点缀色

　　点缀色在一件服装中只占据很少一部分，主要用来衬托主色、修饰辅助色，起到点睛的作用。点缀色多是明亮、鲜艳的颜色，具有丰富服装色彩、增强活泼感的作用。点缀色可使主色与辅助色的搭配更加完整、协调，使整体服装的颜色富于变化，增强服装的活泼感，给人留下更加深刻的印象。

　　这套服装采用蓝色作为主色，白色作为辅助色，给人清新、干净、清凉的感觉。小面积的红色作为点缀色，为服装增添了一丝鲜活的气息，增强了服装的吸引力。

CMYK: 76,32,14,0
CMYK: 4,6,0,0
CMYK: 32,100,100,1

推荐配色方案

CMYK: 91,74,15,0
CMYK: 7,91,72,0　　　　CMYK: 15,1,4,0

CMYK: 7,3,23,0
CMYK: 100,95,49,7　　　CMYK: 3,37,17,0

　　这套服装整体呈暖色调，大面积的橙色与褐色给人以温暖、亲切的感觉。蓝色作为点缀色，与橙色形成鲜明的对比，增强了服装的层次感与活跃感，使服装的视觉冲击力更强。

CMYK: 49,66,63,4
CMYK: 2,51,70,0
CMYK: 76,52,24,0

推荐配色方案

CMYK: 74,22,11,0
CMYK: 9,13,72,0　　　　CMYK: 48,45,0,0

CMYK: 38,21,0,0
CMYK: 0,0,0,0　　　　　CMYK: 27,85,93,0

2.3 色相对比

当服装中出现两种以上的色彩搭配时，由于色相的不同而产生的对比效果被称为色相对比。

通过色相对比，可以使服装的色彩冲撞感更强，风格更加多变，增强了服装的吸引力和冲击力。常见的色相对比有五种类型，即同类色对比、邻近色对比、类似色对比、对比色对比、互补色对比。两种色相在色相环上的夹角越大，则对比越强，服装的视觉冲击力也越强。

2.3.1 同类色对比

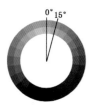

同类色对比是指在色相环上，夹角为15°左右的两种颜色或同一色相的两种颜色形成的对比。同类色色相对比较弱，使用同类色对比方式的服装其整体色彩协调统一，但服装色彩过于一致，也会给人留下单调、无趣的印象。

这套服装以红色作为主色调，视觉刺激性较强，给人留下热情、自信的深刻印象。酒红色作为辅助色，通过明度的变化增强了服装的层次感，又与服装整体的色调保持了统一。

CMYK: 0,88,74,0　　CMYK: 45,100,100,15
CMYK: 90,90,50,19　CMYK: 62,90,52,12

这套服装以蓝色作为主色调，运用不同明度和纯度的蓝色进行搭配，使服装整体既具层次感，又保持和谐统一的美感，给人理性、大方、知性的感觉，白色的腰带则增添了一丝柔和气息。

CMYK: 53,31,9,0　CMYK: 96,82,0,0
CMYK: 0,0,0,0

2.3.2 邻近色对比

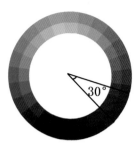

邻近色对比是指在色相环上夹角为30°左右的两种颜色搭配形成的对比。色相相近的邻近色使服装整体的冷暖性质类似、色彩较为协调统一，给人和谐、舒适的感受。青色与蓝色、粉色与紫色都属于邻近色。

这套服装使用铬绿色和深青色两种邻近色进行搭配，服装整体色调偏冷，给人镇静、端庄、优雅的感觉。裙身的印花使服装极具艺术感，给人留下时尚、浪漫的印象。

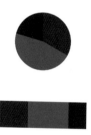

CMYK: 81,56,69,14　　CMYK: 83,42,35,0
CMYK: 85,78,36,2

这款连衣裙以粉色作为主色调，以紫色作为辅助色，这两种邻近色的搭配使服装整体的色彩更加和谐自然，凸显出女性温柔、甜美、优雅的气质。

CMYK: 2,36,32,0　　CMYK: 2,54,4,0
CMYK: 24,45,0,0

2.3.3　类似色对比

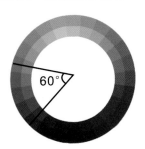

类似色对比是指在色相环上夹角为60°左右的两种色彩进行搭配形成的对比。类似色的色彩对比较弱，视觉效果较为和谐。使用类似色进行搭配的服装多给人协调、舒适的感受，服装整体色彩也不会单调无趣，能够吸引观者的注意力。红色与橙色、绿色与蓝色都属于类似色。

　　这款连衣裙采用蓝色与深紫色两种类似色进行搭配，服装整体呈冷色调，给人端庄、沉静的感觉。橙色与黄色的点缀增强了服装的活跃性，视觉吸引力更强。条纹的设计使服装更具韵律感，使服装更加时尚，富有艺术感。

CMYK: 48,26,13,0　　CMYK: 75,76,16,0
CMYK: 7,24,78,0　　CMYK: 7,69,81,0

　　这套服装采用了类似色对比的搭配方式。黄色与棕色的搭配整体呈暖色调，给人温暖、亲切、和谐的感觉。以淡蓝色作为点缀色，与明亮的黄色形成对比，使服装更具视觉吸引力。

CMYK: 27,75,81,0　　CMYK: 8,15,67,0
CMYK: 22,4,0,0

2.3.4　对比色对比

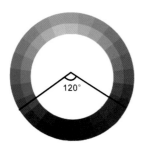

对比色对比是指在色相环上夹角为120°左右的色彩搭配产生的对比效果。对比色的视觉冲击力较强，使用对比色搭配进行设计的服装多给人鲜艳、兴奋、醒目的感觉，服装的配色大胆、色感强烈，但也容易带来烦躁、厌倦的负面影响。红色和黄色、黄色和蓝色都属于对比色。

这套服装采用了粉红色与黄色两种对比色，服装整体的明度与纯度较高。粉红色与黄色的搭配对比鲜明，视觉冲击力较强，给人热情、活跃的感觉，能给观者留下深刻的印象。

CMYK: 4,71,28,0
CMYK: 15,0,60,0

这套服装以深蓝色作为主色，黄绿色作为辅助色。黄绿色与深蓝色形成强烈的对比，增强了服装的视觉冲击力，给人留下大方、干练、优雅的深刻印象。

CMYK: 100,95,7,0　CMYK: 26,4,80,0
CMYK: 76,37,90,1

2.3.5 互补色对比

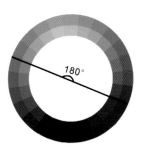

互补色对比是指在色相环上夹角为180°左右的色彩搭配产生的对比。互补色对比强烈，视觉刺激性强，可以快速吸引人们的注意力。使用互补色搭配的服装极具视觉冲击力，可以产生惊人的视觉效果。黄色与紫色、红色与绿色、橙色与蓝色都属于互补色。

　　这款长裙将植物缝制于镂空外褂上，使服装极具立体感与设计感。裙身的橙色与蓝色对比鲜明，服装整体颜色纯度较高，给人以醒目、亮丽的视觉感受，具有较强的视觉吸引力。

CMYK: 13,75,80,0　CMYK: 88,47,81,0
CMYK: 96,82,0,0

　　这套服装使用红色与绿色两种互补色进行搭配，色彩对比强烈，极具视觉冲击力，可以给人留下深刻的印象。蓝色腰带的设计丰富了服装的色彩，并减弱了对比色搭配带来的刺激性，给人直爽、大气的感觉。

CMYK: 12,99,92,0　CMYK: 70,7,64,0
CMYK: 96,84,9,0

色彩的距离可使人对服装产生进退、远近、凹凸的不同感受，不同的色相和明度会影响色彩的距离感。一般暖色和明度高的服装具有接近、凸出的效果，如服装中出现大面积的黄色或淡粉色，会给人留下亲切、开朗、平易近人的印象；而冷色和明度低的服饰则有远离、后退、凹进的效果，如黑色、蓝色，易给人留下冰冷、难以接近的印象。同时由于黑色在视觉上具有凹进、远离的效果，多数黑色服饰都具有显瘦的作用，是很受欢迎的颜色。

这件礼服以白色作为主色，黑色为辅助色，蓝色和橙色为点缀色。其中白色是明度最高的颜色，大面积的白色是最先映入视线的颜色，给人纯净、明快、易于接近的感觉。黑色的搭配增强了服装的层次感，蓝色和橙色的点缀则使服装更具鲜活的气息。服装整体给人优雅、端庄的感觉。

CMYK: 4,4,7,0　　CMYK: 80,79,80,62
CMYK: 14,65,85,0　CMYK: 59,36,7,0

2.5 色彩的面积

色彩的面积是指各种色彩在服装中所占的区域大小，它会对服装整体的色相、明度、纯度以及观者的情绪造成影响。合理规划色彩的面积，可以使服装的色彩搭配更加和谐、均衡，获得更好的视觉效果。如热情张扬的红色搭配大面积的肉粉色，可大大地削弱红色的活跃性，使服装更加温柔、优雅、内敛。

这款小礼服以裸色作为主色，给人一种低调、优雅的感觉，复古的酒红色作为辅助色，增强了服装的活跃感，给人留下深刻的印象。

CMYK: 19,42,41,0
CMYK: 42,100,100,8

色彩的冷暖是指不同的色彩带给人们的心理感受，一套服装搭配中冷暖色所占比例的大小决定了整套服装的色彩倾向，也就是服装的冷暖色调。如红色、黄色、橙色属于暖色调，这类颜色的服装多使人联想到温暖的阳光与火焰，会给人爽快、热情、活泼的印象；而冷色调的青色、蓝色、紫色会使人联想到海洋、天空，给人冷静、疏离、理性的感觉。中性的黑、白、灰等色则会给人柔和、平静的感觉。

这套服装以蓝色作为主色，流露出一种大方、沉静的气质。灰色作为辅助色搭配蓝色，使整体服装更加温和，降低了蓝色的冷感，白色的点缀则使服装整体风格更加纯粹、自然，给人带来舒适的视觉感受。

CMYK: 51,24,0,0　　CMYK: 30,21,9,0
CMYK: 0,0,0,0

第3章

服装与服饰设计基础色

构成服装设计的三个重要元素是色彩、款式和面料。其中，色彩是第一要素。服装设计中常用的主要色彩分为红、橙、黄、绿、青、蓝、紫、黑、白、灰。色彩的视觉冲击力极强，因此，关于色彩的掌握贯穿于整个服装设计的流程。服装设计是服务于人的，只有准确地把握好色彩，合理应用和搭配色彩，才能突出穿着者的特点，给观看者留下深刻的印象。

> 色彩是最能抓住观看者视线的设计元素，可以展现出设计的整体风格，给观看者留下深刻的印象。

> 色彩具有装饰服装的作用，精致的图案与协调的色彩搭配可以使服装更加夺目，衬托穿着者的同时给观看者带来视觉上的享受。

> 色彩的搭配方式丰富多样，可使服装整体呈现出不同的效果。在服装设计中，色彩的选择需要准确把握色彩的特点，并根据主题进行搭配。

> 由于年龄、性别、社会地位等因素的不同，设计师在进行设计时，需要慎重考虑色彩的搭配。

3.1.1 认识红色

　　红色：红色属于暖色调，其色彩活跃、外放，红色给人的感觉是喜庆、热情、欢乐、幸福、自信、朝气、积极，是一种视觉刺激性很强的颜色。红色可以让人联想到火焰、朝阳、新年；红色无论与什么颜色一起搭配，都会显得非常醒目。服装中使用红色作为点缀色时，会使穿着者整体显得明媚且自信。肤色较白的人较适合红色，能给人留下气质优雅且气场十足的印象。

洋红色
RGB=207,0,112
CMYK=24,98,29,0

鲜红色
RGB=216,0,15
CMYK=19,100,100,0

鲑红色
RGB=242,155,135
CMYK=5,51,41,0

威尼斯红色
RGB=200,8,21
CMYK=28,100,100,0

胭脂红色
RGB=215,0,64
CMYK=19,100,69,0

山茶红色
RGB=220,91,111
CMYK=17,77,43,0

壳黄红色
RGB=248,198,181
CMYK=3,31,26,0

宝石红色
RGB=200,8,82
CMYK=28,100,54,0

玫瑰红色
RGB= 30,28,100
CMYK=11,94,40,0

浅玫瑰红色
RGB=238,134,154
CMYK=8,60,24,0

浅粉红色
RGB=252,229,223
CMYK=1,15,11,0

灰玫红色
RGB=194,115,127
CMYK=30,65,39,0

朱红色
RGB=233,71,41
CMYK=9,85,86,0

火鹤红色
RGB=245,178,178
CMYK=4,41,22,0

勃艮第酒红色
RGB=102,25,45
CMYK=56,98,75,37

优品紫红色
RGB=225,152,192
CMYK=14,51,5,0

3.1.2 红色搭配

色彩调性： 魅力、活跃、热情、自信、积极、情绪、斗志、明媚、勇敢。

常用主题色：

CMYK: 19,100,100,0   CMYK: 17,77,43,0   CMYK: 24,98,29,0   CMYK: 11,95,40,0   CMYK: 5,51,42,0   CMYK: 56,98,75,37

常用色彩搭配

CMYK: 19,100,69,0 CMYK: 4,41,22,0	CMYK: 9,85,86,0 CMYK: 80,68,37,1	CMYK: 1,15,11,0 CMYK: 28,100,55,0	CMYK: 84,45,25,0 CMYK: 19,100,100,0
胭脂红色搭配火鹤红色，给人以甜美、俏皮的视觉感受，是较适用于年轻女性服饰的配色。	朱红色给人以热情活跃的印象，搭配水墨蓝色中和了红色带来的刺激感。	浅粉红色搭配宝石红色，同色系配色在保持整体服饰和谐的同时使人印象深刻，给人以时尚、浪漫的视觉感受。	鲜红与孔雀蓝的搭配，对比鲜明，视觉吸引力强，给人留下活跃、自信的印象。

配色速查

热情	甜美	优雅	庄重

CMYK: 19,100,100,0 CMYK: 5,56,80,0	CMYK: 28,100,55,0 CMYK: 10,10,12,0 CMYK: 15,51,5,0	CMYK: 56,98,75,37 CMYK: 15,51,5,0	CMYK: 27,100,100,0 CMYK: 45,100,26,0

这是一款骆驼毛短款毛衣，整体采用红色，视觉冲击力极强。这款毛衣版型宽松，下摆收短，领口处进行卷边的设计，以及毛衣领口不对称的设计都让普通的款式变得更加别致高档。品牌特定的红色吸睛夺目。

CMYK: 25,100,87,0
CMYK: 0,0,0,100

色彩点评

- 红色上衣与黑色长裤进行搭配，高纯度的红色和黑色的搭配方式，使红色更加鲜艳夺目，给人以热情活跃印象的同时不失稳重。

- 红色可以很好地提亮肤色，穿着红色会显得人活力满满。

- 红色的服饰充满热情，给人魅力四射、气场十足的印象，非常夺目显眼。

推荐色彩搭配

C: 0	C: 25	C: 0
M: 0	M: 100	M: 0
Y: 0	Y: 87	Y: 0
K: 100	K: 0	K: 0

C: 52	C: 0
M: 100	M: 72
Y: 38	Y: 47
K: 0	K: 0

C: 10	C: 17	C: 34
M: 81	M: 14	M: 44
Y: 40	Y: 12	Y: 0
K: 0	K: 0	K: 0

这款羊绒混纺连帽连衣裙造型独特，像是一件连帽衫与半身裙搭配而成。这款连衣裙来自意大利，由螺纹羊绒混纺面料制成。略微紧身的设计可以轻松显现出穿着者的身体曲线，宽松的版型在穿着后可以带来舒适的体验。

CMYK: 7,50,28,0
CMYK: 73,78,78,55

色彩点评

- 连衣裙整体采用粉红色，给人温柔、甜美的感觉。

- 粉色适合肤色较白的女性，可以完美地展现出穿着者的气质。

- 单一的粉红色会显得过于乏味无趣，穿着这款连衣裙时可以搭配白色或黑色的凉鞋。

推荐色彩搭配

C: 80	C: 16
M: 64	M: 85
Y: 27	Y: 100
K: 0	K: 0

C: 4	C: 20	C: 38
M: 47	M: 9	M: 40
Y: 13	Y: 0	Y: 3
K: 0	K: 0	K: 0

C: 2	C: 0	C: 2
M: 84	M: 0	M: 95
Y: 7	Y: 0	Y: 59
K: 0	K: 0	K: 0

3.2.1 认识橙色

橙色： 橙色是介于红色和黄色之间的颜色，同时具有红色的热情和黄色的明亮，橙色同样属于暖色调。橙色给人活力、幸福、开朗、亲切的感觉。橙色能让人联想到丰收的秋天和温暖的太阳。当橙色与其他颜色进行搭配时，会增强服装的活跃感，给人留下朝气青春的印象；橙色适合与黑色、白色、红色等进行搭配。橙色的服饰适合活泼的人穿，可以给人留下青春、活力、开朗的印象。但橙色也有负面的影响，它的纯度较高，会衬托得肤色较暗，给人留下情绪低落、灰心丧气的印象。

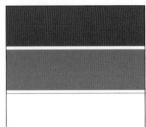

橘色
RGB=235,97,3
CMYK=9,75,98,0

橘红色
RGB=238,114,0
CMYK=7,68,97,0

米色
RGB=228,204,169
CMYK=14,23,36,0

蜂蜜色
RGB= 250,194,112
CMYK=4,31,60,0

柿子橙色
RGB=237,108,61
CMYK=7,71,75,0

热带橙色
RGB=242,142,56
CMYK=6,56,80,0

驼色
RGB=181,133,84
CMYK=37,53,71,0

沙棕色
RGB=244,164,96
CMYK=5,46,64,0

橙色
RGB=235,85,32
CMYK=8,80,90,0

橙黄色
RGB=255,165,1
CMYK=0,46,91,0

琥珀色
RGB=203,106,37
CMYK=26,69,93,0

巧克力色
RGB=85,37,0
CMYK=60,84,100,49

阳橙色
RGB=242,141,0
CMYK=6,56,94,0

杏黄色
RGB=229,169,107
CMYK=14,41,60,0

咖啡色
RGB=106,75,32
CMYK=59,69,98,28

重褐色
RGB=139,69,19
CMYK=49,79,100,18

3.2.2　橙色搭配

色彩调性：明媚、热情、阳光、青春、骄傲、华丽、年轻、活泼。

常用主题色：

CMYK:9,75,98,0　　CMYK:6,56,94,0　　CMYK:0,46,91,0　　CMYK:25,69,93,0　　CMYK:36,53,71,0　　CMYK:49,79,100,18

常用色彩搭配

CMYK: 5,56,80,0
CMYK: 14,23,36,0

橙色与米色搭配视觉冲击力较弱，给人以温暖、平和的感受。

CMYK: 36,53,71,0
CMYK: 0,46,91,0

驼色与橙黄色搭配明度较低，使整体趋于平和、沉稳，给人留下大方、成熟的印象。

CMYK: 16,90,96,0
CMYK: 14,41,60,0

橘红色搭配杏黄色给人眼前一亮的感觉，同时杏黄色的沉稳减弱了红色带来的刺激性，给人留下成熟大方且不失活泼的印象。

CMYK: 7,71,75,0
CMYK: 5,23,89,0

柿子橙与铬黄色的搭配明度较高，使整体呈现出明快、活泼的特点，给人留下青春、可爱的印象。

配色速查

稳重	热血	明媚	华丽

CMYK: 59,84,100,48	CMYK: 0,46,91,0	CMYK: 6,56,94,0	CMYK: 9,75,98,0
CMYK: 25,69,93,0	CMYK: 89,51,76,13	CMYK: 3,2,2,0	CMYK: 58,100,42,2
	CMYK: 32,6,7,0		CMYK: 8,47,17,0

这是一款早秋女装，整套服装呈现深棕色调，给人复古奢华的感觉。这款服装的版型较为宽松，搭配针织衫穿着，可轻松展现出女性的魅力。

CMYK: 43,82,92,8
CMYK: 19,53,69,0
CMYK: 25,72,79,0

色彩点评

■ 深棕色上衣与浅棕色针织衫进行搭配，两种不同明度的棕色搭配在一起，使服装整体的色彩搭配产生层次感。

■ 深棕色可很好地展现气质，穿着棕色会显得人优雅且魅力十足。

■ 棕色的服饰低调内敛，能给人留下稳重、端庄的印象。

推荐色彩搭配

C: 47	C: 6	C: 11	C: 6	C: 47	C: 22	C: 15	C: 27
M: 82	M: 32	M: 99	M: 32	M: 93	M: 80	M: 48	M: 0
Y: 100	Y: 91	Y: 100	Y: 91	Y: 100	Y: 97	Y: 89	Y: 34
K: 15	K: 0	K: 0	K: 0	K: 17	K: 0	K: 0	K: 0

这款花卉印花绉纱连衣裙由手工染色绉纱制成。整件连衣裙采用平行绉缝的设计，完美贴合身体曲线，泡泡袖的设计展现出甜美活泼的风格。适合搭配凉鞋与甜美可爱的妆容。

CMYK: 6,54,54,0
CMYK: 7,7,9,0

色彩点评

■ 连衣裙整体采用橙色，给人活泼、甜美的感觉。

■ 橙色服饰夺目、显眼，视觉吸引力强，易于吸引视觉注意力。

■ 单纯的橙色易使人产生烦躁感，印花的设计则减弱了大面积橙色的刺激性，增强了服装的设计感。

推荐色彩搭配

C: 9	C: 8	C: 24	C: 12	C: 80	C: 10	C: 7	C: 58
M: 48	M: 70	M: 0	M: 63	M: 64	M: 54	M: 0	M: 89
Y: 64	Y: 95	Y: 8	Y: 95	Y: 27	Y: 86	Y: 29	Y: 0
K: 0	K: 0	K: 0	K: 0	K: 0	K: 0	K: 0	K: 0

3.3.1 认识黄色

　　黄色：黄色属于暖色调，是所有颜色中明亮感最强、最温暖的颜色，给人以活力、青春、朝气、希望的感觉，可以让人联想到柠檬、阳光、向日葵。黄色可以与米色、蓝色、黑色、白色等进行搭配，服饰中出现黄色时，会给人眼前一亮的感觉。年龄较小的人穿着，能给人留下可爱、阳光、年轻、机警的印象。

黄色
RGB=255,255,0
CMYK=10,0,83,0

铬黄色
RGB=253,208,0
CMYK=6,23,89,0

金色
RGB=255,215,0
CMYK=5,19,88,0

香蕉黄色
RGB=255,235,85
CMYK=6,8,72,0

鲜黄色
RGB=255,234,0
CMYK=7,7,87,0

月光黄色
RGB=155,244,99
CMYK=7,2,68,0

柠檬黄色
RGB=240,255,0
CMYK=17,0,84,0

万寿菊黄色
RGB=247,171,0
CMYK=5,42,92,0

香槟黄色
RGB=255,248,177
CMYK=4,3,40,0

奶黄色
RGB=255,234,180
CMYK=2,11,35,0

土著黄色
RGB=186,168,52
CMYK=36,33,89,0

黄褐色
RGB=196,143,0
CMYK=31,48,100,0

卡其黄色
RGB=176,136,39
CMYK=40,50,96,0

含羞草黄色
RGB=237,212,67
CMYK=14,18,79,0

芥末黄色
RGB=214,197,96
CMYK=23,22,70,0

灰菊色
RGB=227,220,161
CMYK=16,12,44,0

3.3.2　黄色搭配

色彩调性： 年轻、开朗、活泼、娇气、健康、可爱、阳光、高傲。

常用主题色：

CMYK: 10,0,83,0　　CMYK: 5,19,88,0　　CMYK: 7,2,68,0　　CMYK: 2,11,35,0　　CMYK: 5,42,92,0　　CMYK: 31,48,100,0

常用色彩搭配

CMYK: 5,42,92,0　　CMYK: 7,2,68,0　　CMYK: 5,19,88,0　　CMYK: 2,11,35,0
CMYK: 16,13,44,0　　CMYK: 55,28,78,0　　CMYK: 49,79,100,18　　CMYK: 61,78,0,0

万寿菊黄搭配灰菊色纯度较低，视觉冲击力较弱，能给人留下柔和、温暖的印象。	月光黄和叶绿色的搭配可使整体着装更加活泼，给人留下青春、开朗的印象。	金色与重褐色的搭配可使着装给人留下端庄、华贵的印象。	奶黄和紫藤色搭配极易给人和谐的视觉感受，易留下优雅、柔和的印象。

配色速查

温暖	活泼	可爱	复古

CMYK: 2,11,35,0 CMYK: 5,42,92,0	CMYK: 16,13,44,0 CMYK: 15,22,0,0 CMYK: 4,41,22,0	CMYK: 22,0,13,0 CMYK: 7,2,68,0	CMYK: 100,91,47,8 CMYK: 42,62,100,2

这是一款纯棉连衣裙，整体呈现黄色调，视觉冲击力较强。这款连衣裙的版型宽松，腰部收紧的设计显得服装更加优雅、内敛，下摆处的毛边设计则为服饰增添了闲适、随性的感觉。

CMYK: 13,21,90,0
CMYK: 9,50,71,0
CMYK: 3,2,2,0

色彩点评

■ 服装整体呈现黄色调，视觉吸引力较强，给人以活泼、明媚的感觉。

■ 连衣裙底部采用橙色，与其他部分的黄色搭配在一起使整体呈现出一种渐变的效果，让整体的设计更加丰富。

■ 连衣裙运用白色条纹作为点缀，使整体服饰更加精致，可给人留下深刻的印象。

推荐色彩搭配

C: 11	C: 7	C: 5		C: 5	C: 8		C: 0	C: 17	C: 0
M: 49	M: 0	M: 18		M: 7	M: 70		M: 0	M: 15	M: 0
Y: 93	Y: 29	Y: 88		Y: 62	Y: 95		Y: 0	Y: 86	Y: 0
K: 0	K: 0	K: 0		K: 0	K: 0		K: 100	K: 0	K: 0

这款半身裙由褶皱亮面皮革制成。半身裙呈芥黄色，腰部进行了褶皱设计，使服饰更加贴身舒适。腰部配有编绳形的腰带，使半身裙更具优雅柔和的韵味。

CMYK: 24,31,87,0
CMYK: 0,2,5,0

色彩点评

■ 半身裙呈芥黄色，视觉刺激感较弱，给人温柔、内敛的感觉。

■ 同色的编绳系带与半身裙的搭配协调、自然，使整体的设计感更强。

■ 这款半身裙视觉冲击力较小，穿着时可以搭配白色的上衣与其他配饰，能给人留下优雅、大方的印象。

推荐色彩搭配

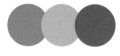

C: 7	C: 23	C: 83		C: 10	C: 58		C: 31	C: 11
M: 42	M: 22	M: 43		M: 4	M: 37		M: 0	M: 40
Y: 81	Y: 0	Y: 31		Y: 37	Y: 100		Y: 20	Y: 92
K: 0	K: 0	K: 0		K: 0	K: 0		K: 0	K: 0

3.4 绿色

3.4.1 认识绿色

绿色：绿色是自然界中最常见的颜色，很容易让人联想到自然界青翠生机勃勃的树林、草原等，给人以放松、平静的感受。绿色是一种清新、温和的色彩，具有缓解眼部疲劳的作用；即使服装中大面积使用绿色，也不会使人产生烦躁、刺激的感觉。绿色与浅色搭配，可以给人留下青春、干净的印象。

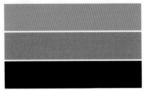

黄绿色
RGB=216,230,0
CMYK=25,0,90,0

草绿色
RGB=170,196,104
CMYK=42,13,70,0

枯叶绿色
RGB=174,186,127
CMYK=39,21,57,0

孔雀石绿色
RGB=0,142,87
CMYK=82,29,82,0

苹果绿色
RGB=158,189,25
CMYK=47,14,98,0

苔藓绿色
RGB=136,134,55
CMYK=46,45,93,1

碧绿色
RGB=21,174,105
CMYK=75,8,75,0

铬绿色
RGB=0,101,80
CMYK=89,51,77,13

墨绿色
RGB=0,64,0
CMYK=90,61,100,44

芥末绿色
RGB=183,186,107
CMYK=36,22,66,0

绿松石绿色
RGB=66,171,145
CMYK=71,15,52,0

孔雀绿色
RGB=0,128,119
CMYK=85,40,58,1

叶绿色
RGB=135,162,86
CMYK=55,28,78,0

橄榄绿色
RGB=98,90,5
CMYK=66,60,100,22

青瓷绿色
RGB=123,185,155
CMYK=56,13,47,0

钴绿色
RGB=106,189,120
CMYK=62,6,66,0

3.4.2 绿色搭配

色彩调性： 温和、清新、青春、干净、春天、成熟、友善、幼稚。

常用主题色：

CMYK:47,14,98,0 　CMYK:39,21,57,0 　CMYK:90,60,100,42 　CMYK:42,13,70,0 　CMYK:84,40,58,0 　CMYK:82,29,82,0

常用色彩搭配

CMYK: 66,60,100,22
CMYK: 25,0,90,0

CMYK: 71,15,52,0
CMYK: 50,13,3,0

CMYK: 36,0,17,0
CMYK: 84,40,58,0

CMYK: 90,60,100,42
CMYK: 22,0,13,0

橄榄绿和黄绿为同色系搭配，色彩层次分明而又不失协调感，给人留下活跃、积极的印象。

绿松石绿和天青色的搭配较为冷静，给人清凉、干净的感受，适宜夏季的服饰，视觉上可以降低温度。

瓷青搭配孔雀绿，同色系的配色和谐统一，给人留下平和、清新的印象。

墨绿搭配浅葱色，色彩层次分明的同时整体更加柔和优雅，给人留下成熟、优雅的印象。

配色速查

清新	运动	温和	成熟

CMYK: 42,13,70,0
CMYK: 84,40,58,0

CMYK: 80,68,37,1
CMYK: 16,12,11,0
CMYK: 36,0,17,0

CMYK: 8,27,67,0
CMYK: 61,22,100,0

CMYK: 56,13,47,0
CMYK: 100,100,59,22

这款衬衫应用典雅配色，印花的设计繁复华丽，有一种奢华优雅的韵味。墨绿色的纽扣与衬衫花纹的搭配和谐一致，使衬衫更加精致优雅。

CMYK: 19,0,25,0
CMYK: 82,31,100,0
CMYK: 16,40,39,0

色彩点评

■ 衬衫呈浅绿色，搭配同色的阔腿裤，给人优雅内敛的感觉。

■ 印花华丽复杂，使用粉色作为点缀，可使衬衫富有优雅感的同时颇具活泼感。

■ 这款衬衫风格优雅、沉静，搭配简单的饰品就可以更好地衬托气质。

推荐色彩搭配

C: 69	C: 28	C: 22
M: 50	M: 0	M: 15
Y: 100	Y: 84	Y: 62
K: 10	K: 0	K: 0

C: 28	C: 89
M: 0	M: 65
Y: 84	Y: 100
K: 0	K: 54

C: 8	C: 0	C: 89
M: 70	M: 0	M: 65
Y: 95	Y: 0	Y: 100
K: 0	K: 0	K: 54

这款嵌花纯棉毛衣整体呈绿色，给人清新、青春的感觉。毛衣由纯棉制成，穿着时不刺激皮肤。毛衣上橙子的造型生动有趣，橙子与花朵的设计给人一种观看静物画的感觉。

CMYK: 58,1,58,0
CMYK: 87,46,96,8
CMYK: 7,64,87,0
CMYK: 4,3,4,0

色彩点评

■ 在大面积的绿色中采用白色与橙色进行点缀，使毛衣整体的色彩更加丰富，视觉吸引力更强。

■ 绿色的服饰可给人留下清新、青春、干净的印象。

■ 这款毛衣风格清新、生动，可搭配简单的项链为服饰加分。

推荐色彩搭配

C: 60	C: 84	C: 27
M: 56	M: 43	M: 0
Y: 100	Y: 100	Y: 27
K: 13	K: 5	K: 0

C: 8	C: 32
M: 10	M: 0
Y: 6	Y: 71
K: 0	K: 0

C: 10	C: 18	C: 72
M: 34	M: 0	M: 0
Y: 18	Y: 21	Y: 81
K: 0	K: 0	K: 0

3.5.1 认识青色

青色: 青色是介于绿色和蓝色之间的一种颜色,即发蓝的绿色或发绿的蓝色。青色属于冷色调,给人低调、清雅、淡漠、含蓄的感觉。青色很容易让人联想到青山、湖水、烟雨蒙蒙的天色。使用青色与白色进行搭配可以给人留下朝气、清新、温柔的印象;青色与深色搭配则给人淡漠、冷硬、老练的感觉;同灰色调的色彩搭配时,会显得穿着者具有端庄、古典、文雅的气质。

青色
RGB=0,255,255
CMYK=55,0,18,0

群青色
RGB=0,61,153
CMYK=99,84,10,0

瓷青色
RGB=175,224,224
CMYK=37,1,17,0

水青色
RGB=88,195,224
CMYK=62,7,15,0

铁青色
RGB=82,64,105
CMYK=89,83,44,8

石青色
RGB=0,121,186
CMYK=84,48,11,0

淡青色
RGB=225,255,255
CMYK=14,0,5,0

藏青色
RGB=0,25,84
CMYK=100,100,59,22

深青色
RGB=0,78,120
CMYK=96,74,40,3

青绿色
RGB=0,255,192
CMYK=58,0,44,0

白青色
RGB=228,244,245
CMYK=14,1,6,0

清漾青色
RGB=55,105,86
CMYK=81,52,72,10

天青色
RGB=135,196,237
CMYK=50,13,3,0

青蓝色
RGB=40,131,176
CMYK=80,42,22,0

青灰色
RGB=116,149,166
CMYK=61,36,30,0

浅葱色
RGB=210,239,232
CMYK=22,0,13,0

3.5.2 青色搭配

色彩调性： 端庄、清雅、秀丽、含蓄、温柔、低调、温润、干净。
常用主题色：

CMYK: 55,0,18,0　　CMYK: 84,48,11,0　　CMYK: 50,13,3,0　　CMYK: 36,0,17,0　　CMYK: 62,7,15,0　　CMYK: 100,100,59,22

常用色彩搭配

CMYK: 55,0,18,0
CMYK: 18,29,13,0

青色和藕荷色搭配，视觉冲击力较弱，给人留下温柔、含蓄的印象。

CMYK: 100,100,59,22
CMYK: 36,0,17,0

藏青色搭配瓷青色，给人留下高贵、优雅的印象。

CMYK: 61,36,30,0
CMYK: 15,0,5,0

青灰色搭配淡青色，易使人想到烟雨朦胧的天色，给人留下古典、端庄的印象。

CMYK: 0,3,8,0
CMYK: 80,42,22,0

象牙白搭配青蓝色，白色减弱了蓝色带来的冰冷，可使整体着装更加柔和、温润，给人留下温柔、含蓄的印象。

配色速查

沉稳	安静	运动	活泼

CMYK: 84,45,25,0　　CMYK: 96,74,40,3　　CMYK: 10,7,7,0　　CMYK: 7,60,24,0
CMYK: 8,15,6,0　　CMYK: 2,11,35,0　　CMYK: 46,0,27,0　　CMYK: 50,13,3,0
　　　　　　　　　CMYK: 22,0,13,0

这款迷你连衣裙由透气性极好的亚麻制成，穿着后合身舒适。整个裙身上布满繁复的花纹，整体呈深浅不一的青色，给人清凉、温柔的感觉。袖口采用泡泡袖的设计，腰部则进行缩褶设计，在突出身形的同时又极具设计感。

CMYK: 7,5,14,0
CMYK: 37,4,15,0
CMYK: 66,18,34,0

色彩点评

- 裙身深浅不一的青色使服饰的色彩搭配更具层次感，青色与湖水的颜色类似，连衣裙给人清爽、纯净的感觉。
- 青色会显得穿着者具有一种端庄、优雅的气质。
- 青色的服饰会给人留下优雅、温柔的印象，穿着这款连衣裙时可以搭配浅色的配饰。

推荐色彩搭配

C: 0	C: 71
M: 0	M: 4
Y: 0	Y: 35
K: 100	K: 0

C: 3	C: 28	C: 67
M: 43	M: 0	M: 43
Y: 36	Y: 9	Y: 10
K: 0	K: 0	K: 0

C: 15	C: 48
M: 2	M: 0
Y: 5	Y: 18
K: 0	K: 0

这是一款绉纱半身裙，整体呈深青色，给人成熟、干练的感觉。这款连衣裙由弹力绉纱制成，极具垂感，穿着时可以顺着身形自然下垂。腰部采用褶皱和缩褶设计，使裙身更加精致唯美。不对称裙摆让穿着者行走时更显迷人气质。

CMYK: 82,67,63,24

色彩点评

- 半身裙整体采用深青色，给人成熟、知性的感觉。
- 深青色可以衬托得人肤色更白，同时很好地展现出穿着者的气质。
- 深青色会使人显得庄重、严肃、干练，穿着这款半身裙时可以搭配白色针织衫，增强活泼感。

推荐色彩搭配

C: 100	C: 69	C: 28
M: 94	M: 0	M: 9
Y: 41	Y: 23	Y: 14
K: 1	K: 0	K: 0

C: 43	C: 44	C: 43
M: 43	M: 17	M: 0
Y: 7	Y: 0	Y: 19
K: 0	K: 0	K: 0

C: 80	C: 55
M: 64	M: 0
Y: 27	Y: 18
K: 0	K: 0

3.6 蓝色

3.6.1 认识蓝色

　　蓝色：蓝色是冷色调中最冷的色彩，很容易让人联想到海洋、天空、湖水、宇宙，穿着蓝色服饰会使人展现出稳重、大方、纯净、理智的气质。蓝色不是太过醒目的颜色，很容易与其他颜色进行搭配，而且穿着不同的蓝色服装会使人呈现出不同的气质。例如，浅蓝色的服饰温柔、干净，可以给人留下清新、有活力的印象；深蓝色的服饰则显得人知性、优雅、大方。

蓝色
RGB=0,0,255
CMYK=92,75,0,0

天蓝色
RGB=0,127,255
CMYK=80,50,0,0

蔚蓝色
RGB=4,70,166
CMYK=96,78,1,0

普鲁士蓝色
RGB=0,49,83
CMYK=100,88,54,23

矢车菊蓝色
RGB=100,149,237
CMYK=64,38,0,0

深蓝色
RGB=1,1,114
CMYK=100,100,54,6

道奇蓝色
RGB=30,144,255
CMYK=75,40,0,0

宝石蓝色
RGB=31,57,153
CMYK=96,87,6,0

午夜蓝色
RGB=0,51,102
CMYK=100,91,47,9

皇室蓝色
RGB=65,105,225
CMYK=79,60,0,0

浓蓝色
RGB=0,90,120
CMYK=92,65,44,4

蓝黑色
RGB=0,14,42
CMYK=100,99,66,57

爱丽丝蓝色
RGB=240,248,255
CMYK=8,2,0,0

水晶蓝色
RGB=185,220,237
CMYK=32,6,7,0

孔雀蓝色
RGB=0,123,167
CMYK=84,46,25,0

水墨蓝色
RGB=73,90,128
CMYK=80,68,37,1

3.6.2 蓝色搭配

色彩调性： 优雅、睿智、大方、稳重、温柔、纯净、成熟、儒雅、忧郁。

常用主题色：

CMYK:93,75,0,0 　　CMYK:80,50,0,0 　　CMYK:64,38,0,0 　　CMYK:80,68,37,1 　　CMYK:96,87,6,0 　　CMYK:32,6,7,0

常用色彩搭配

CMYK: 84,45,25,0 CMYK: 14,23,36,0	CMYK: 96,87,6,0 CMYK: 32,6,7,0	CMYK: 79,60,0,0 CMYK: 8,15,6,0	CMYK: 7,2,0,0 CMYK: 62,7,15,0
孔雀蓝和米色搭配，给人以温馨、柔和的感受。	宝石蓝搭配水晶蓝为同色系搭配，色彩层次分明，给人留下睿智、大方、优雅的印象。	皇室蓝和淡紫丁香搭配，视觉效果较为柔和，给人留下典雅、温柔的印象。	爱丽丝蓝搭配水青色，整体偏冷色调，给人留下清新、纯净的印象。

配色速查

冰冷	甜美	稳重	低调

| CMYK: 32,6,7,0
CMYK: 100,100,54,6 | CMYK: 64,38,0,0
CMYK: 7,2,0,0
CMYK: 8,47,17,0 | CMYK: 93,75,0,0
CMYK: 25,61,86,0 | CMYK: 18,29,13,0
CMYK: 100,96,39,2
CMYK: 32,6,7,0 |

这款针织裙整体呈淡蓝色，给人清纯、干净的感觉。针织裙整体由羊绒混纺面料制成，穿着后贴身舒适，透气性好。宽松的版型不会给人带来束缚感和沉闷感，搭配同色的外套，使整体服装风格较为协调一致，给人留下柔和、纯净的印象。

色彩点评

■ 同为淡蓝色的外套与长裙搭配，视觉刺激性较弱，给人以柔和、温柔的感觉。

■ 蓝色与肤色形成一定的对比，但又保持了较为协调的风格。

■ 蓝色的服饰清新、温柔，视觉效果较为柔和，能给人留下温柔沉静、干净大方的印象，适合搭配水晶或银质的配饰。

CMYK: 18,10,2,0
CMYK: 10,4,2,0

推荐色彩搭配

C: 74	C: 6
M: 45	M: 32
Y: 11	Y: 91
K: 0	K: 0

C: 11	C: 16	C: 100
M: 99	M: 5	M: 94
Y: 100	Y: 87	Y: 9
K: 0	K: 0	K: 0

C: 32	C: 10	C: 0
M: 16	M: 34	M: 0
Y: 4	Y: 18	Y: 0
K: 0	K: 0	K: 0

这款半身裙采用分层式设计方式，将裙身设计为开衩形状，在穿着时可以巧妙地展现出女性的魅力。半身裙整体由蓝色牛仔布裁制而成，背面增加了褶皱设计，使整件服饰更加精致，设计感更强。

色彩点评

■ 半身裙整体呈深蓝色，给人端庄、沉稳的感觉。

■ 蓝色的牛仔裙适合任何女性穿着，高腰的设计可以轻易地展现出穿着者的身形。

■ 单一的粉红色显得过于乏味无趣，穿着这款半身裙时搭配橙色上衣，增强了色彩的对比性，使整体的着装更加活泼。

CMYK: 80,64,27,0
CMYK: 3,43,36,0

推荐色彩搭配

C: 0	C: 92
M: 0	M: 75
Y: 0	Y: 0
K: 0	K: 0

C: 24	C: 71	C: 99
M: 0	M: 4	M: 84
Y: 8	Y: 35	Y: 45
K: 0	K: 0	K: 10

C: 95	C: 64	C: 27
M: 82	M: 5	M: 28
Y: 0	Y: 8	Y: 0
K: 0	K: 0	K: 0

3.7.1　认识紫色

　　紫色：紫色由热烈的红色和沉静的蓝色叠加而成，属于二次色。紫色的服装可以给人以梦幻、浪漫、温柔、高贵、神秘的感觉，并让人联想到薰衣草、紫罗兰等。因此穿着紫色的服饰会展现出一个人高贵、优雅、魅力、神秘的气质。紫色经常与华丽、高贵、优雅、神秘、魅力相关联，适合与白、黑、金、银等色彩搭配。

紫色
RGB=102,0,255
CMYK=81,79,0,0

淡紫色
RGB=227,209,254
CMYK=15,22,0,0

靛青色
RGB=75,0,130
CMYK=88,100,31,0

紫藤色
RGB=141,74,187
CMYK=61,78,0,0

木槿紫色
RGB=124,80,157
CMYK=63,77,8,0

藕荷色
RGB=216,191,206
CMYK=18,29,13,0

丁香紫色
RGB=187,161,203
CMYK=32,41,4,0

水晶紫色
RGB=126,73,133
CMYK=62,81,25,0

矿紫色
RGB=172,135,164
CMYK=40,52,22,0

三色堇紫色
RGB=139,0,98
CMYK=59,100,42,2

锦葵紫色
RGB=211,105,164
CMYK=22,71,8,0

淡紫丁香色
RGB=237,224,230
CMYK=8,15,6,0

浅灰紫色
RGB=157,137,157
CMYK=46,49,28,0

江户紫色
RGB=111,89,156
CMYK=68,71,14,0

蝴蝶花紫色
RGB=166,1,116
CMYK=46,100,26,0

蔷薇紫色
RGB=214,153,186
CMYK=20,49,10,0

3.7.2 紫色搭配

色彩调性： 优雅、高贵、魅力、浪漫、梦幻、华丽、奢华、自傲。

常用主题色：

| CMYK: 81,78,0,0 | CMYK: 88,100,31,0 | CMYK: 18,29,13,0 | CMYK: 22,71,8,0 | CMYK: 68,71,14,0 | CMYK: 45,100,26,0 |

常用色彩搭配

CMYK: 20,49,10,0
CMYK: 28,100,55,0

CMYK: 61,78,0,0
CMYK: 14,41,60,0

CMYK: 58,100,42,2
CMYK: 18,29,13,0

CMYK: 81,78,0,0
CMYK: 11,95,40,0

蔷薇紫和宝石红搭配很容易展现出女性的魅力，这种配色常用于时尚女性的服饰，给人留下浪漫、迷人、时尚的印象。

紫藤色搭配杏黄色，给人以柔和、愉悦的感受，适宜作为日常着装的配色。

木槿紫和藕荷色的搭配适合气质优雅的年长女性，给人留下高贵、优雅的印象。

紫色和玫瑰红色的搭配醒目，视觉吸引力强，可以很容易展现女性的气质，给人留下大方、成熟、时尚的印象。

配色速查

甜美	浪漫	优雅	冰凉

CMYK: 0,0,0,0
CMYK: 20,49,10,0

CMYK: 45,100,26,0
CMYK: 18,29,13,0
CMYK: 68,71,14,0

CMYK: 46,49,28,0
CMYK: 2,11,35,0

CMYK: 88,100,31,0
CMYK: 20,5,2,0

这是一款印花绉纱迷你连衣裙，整体呈菖蒲紫色，表现出一种夏季的活力感。这款连衣裙由印有碎花的绉纱手工制成，平行绉缝设计使裙身更为贴身，方领与束口袖的设计使裙子极具复古气息。

CMYK: 23,60,0,0
CMYK: 0,0,0,0

色彩点评

■ 半身裙整体呈菖蒲紫色，给人淡雅、温柔的感觉。

■ 紫色可以很好地展现气质，紫色的服饰与肤色之间形成协调的对比，更加引人注目。

■ 紫色不是百搭的颜色，穿着这款连衣裙时可以搭配白色或同色系的配饰，更好地展现出优雅、迷人的气质。

推荐色彩搭配

C: 11	C: 19	C: 41	C: 11	C: 58	C: 2	C: 83	C: 58
M: 99	M: 13	M: 35	M: 49	M: 89	M: 84	M: 100	M: 37
Y: 100	Y: 13	Y: 0	Y: 93	Y: 0	Y: 7	Y: 18	Y: 100
K: 0	K: 0	K: 0	K: 0	K: 0	K: 0	K: 0	K: 0

这款刺绣条纹连衣裙整体呈蓝紫色，给人优雅、温柔的感觉。这款连衣裙由纯棉面料手工制成，裙身上绣有复杂精致的图案。宽松的版型不会给人过多的束缚感。

CMYK: 41,35,0,0
CMYK: 6,97,70,0
CMYK: 73,15,19,0

色彩点评

■ 连衣裙整体呈蓝紫色，给人温柔、优雅的感觉。

■ 紫色中加入其他颜色作为点缀，使连衣裙整体的色彩更加丰富，视觉效果更好。

■ 这款连衣裙风格清新、优雅，可以在腰间搭配浅色系带，使服饰更具设计感。

推荐色彩搭配

C: 20	C: 10	C: 23	C: 18	C: 59	C: 1	C: 53
M: 36	M: 4	M: 60	M: 29	M: 0	M: 44	M: 79
Y: 0	Y: 37	Y: 0	Y: 13	Y: 18	Y: 6	Y: 0
K: 0	K: 0	K: 0	K: 0	K: 0	K: 0	K: 0

3.8 黑、白、灰

3.8.1 认识黑、白、灰

黑色：黑色是无彩色，黑色的服饰会给人庄重、高级、稳重的感觉，并让人联想到黑夜、墨水等。任何颜色都能与黑色搭配，并能很好地展现出人的气质，给人留下稳重、干练、大方的印象。

白色：白色是最明亮的颜色，白色的服饰给人纯洁、清新、干净的感觉，并让人联想到雪、云。白色的服装适合大多数人穿着，白色与其他色彩搭配会给人留下温柔、亲近的印象。

灰色：灰色是介于黑白之间的颜色，是可以在最大限度上满足人眼对色彩明度舒适要求的中性色。它的中立性很强，与其他颜色搭配可以获得很好的视觉效果。灰色的服饰会给人稳重、内敛、低调、温和的感觉，灰色同样适合各种人穿着。

白色
RGB=255,255,255
CMYK=0,0,0,0

月光白色
RGB=253,253,239
CMYK=2,1,9,0

雪白色
RGB=233,241,246
CMYK=11,4,3,0

象牙白色
RGB=255,251,240
CMYK=1,3,8,0

10%亮灰色
RGB=230,230,230
CMYK=12,9,9,0

50%灰色
RGB=102,102,102
CMYK=67,59,56,6

80%炭灰色
RGB=51,51,51
CMYK=79,74,71,45

黑色
RGB=0,0,0
CMYK=93,88,89,88

3.8.2 黑、白、灰搭配

色彩调性： 经典、大方、稳重、干练、年轻、纯净、温和、内敛、低调。

常用主题色：

CMYK:0,0,0,0　　CMYK:2,1,9,0　　CMYK:12,9,9,0　　CMYK:67,59,56,6　　CMYK:79,74,71,45　　CMYK:93,88,89,88

常用色彩搭配

| CMYK: 12,9,9,0 | CMYK: 93,88,89,80 | CMYK: 0,0,0,0 | CMYK: 67,59,56,6 |
| CMYK: 84,45,25,0 | CMYK: 42,13,70,0 | CMYK: 17,77,43,0 | CMYK: 5,56,80,0 |

亮灰和孔雀蓝搭配，给人以沉静、内敛的感受。

黑色搭配草绿色，减轻了黑色的沉闷感，使整体风格更为轻快。这种配色能给人大方、活泼的感受。

白色和山茶红色搭配，给人留下甜美、纯净的印象。这种配色适合年轻的女性，可以轻松地展现出少女感。

灰色搭配热带橙色，既热情又内敛，给人留下活泼、大方的印象。

配色速查

活泼	运动	温和	经典

CMYK: 93,88,89,80	CMYK: 3,2,2,0	CMYK: 0,0,0,10	CMYK: 40,53,22,0
CMYK: 4,41,22,0	CMYK: 2,11,35,0	CMYK: 22,0,13,0	CMYK: 3,2,2,0
	CMYK: 27,100,100,0		CMYK: 93,88,,89,80

这款西装外套由羊毛和涤纶混纺制成，整体呈黑色，给人稳重、大方的感受。而其版型更加休闲，减少了西装的沉闷感。腰部的收紧设计使服饰更加修身，贴合身体曲线，让款式更加年轻化，更加适合年轻的上班族穿着。

CMYK: 87,83,83,73
CMYK: 5,0,5,0

色彩点评

■ 黑色外套与白色衬衫进行搭配，经典的黑白搭配给人以稳重、大方、干练的感觉。

■ 黑色可以很好地衬托肤色，同时黑色在视觉上具有收缩感，穿着黑色会非常显瘦。

■ 黑色是百搭的颜色，给人留下沉稳、干练的印象，简单的配饰就可以使整体着装更加夺目。

推荐色彩搭配

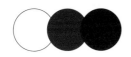

C: 0	C: 11	C: 100	C: 0	C: 0	C: 27	C: 41	C: 56
M: 0	M: 99	M: 94	M: 0	M: 0	M: 22	M: 35	M: 99
Y: 0	Y: 100	Y: 9	Y: 0	Y: 0	Y: 21	Y: 0	Y: 78
K: 0	K: 0	K: 0	K: 0	K: 100	K: 0	K: 0	K: 39

儿童的服饰多是采用较为鲜艳醒目的颜色，符合孩童活泼好动、天真可爱的特点。但也有单一色彩的服装，可以很好地展现出孩童纯洁、天真的内心。这款连衣裙整体采用白色，繁复的花纹使整体更加精致可爱，适合可爱一些的女孩穿着。

CMYK: 2,0,0,0

色彩点评

■ 连衣裙整体采用白色，给人纯洁、甜美的感觉。

■ 白色服饰可爱、纯净，是较为引人注目的颜色，且视觉刺激性不强。同时白色的网纱花纹使裙身更加精致。

■ 白色同黑色一样，是百搭的颜色，白色搭配任何颜色都能获得很好的效果。

推荐色彩搭配

C: 0	C: 11	C: 67	C: 59	C: 5	C: 14	C: 0	C: 35
M: 0	M: 29	M: 59	M: 0	M: 7	M: 13	M: 0	M: 4
Y: 0	Y: 41	Y: 56	Y: 18	Y: 62	Y: 15	Y: 0	Y: 24
K: 100	K: 0	K: 6	K: 0	K: 0	K: 0	K: 0	K: 0

4

第4章
服装设计的
图案与面料

图案与面料是服装设计中非常重要的元素。图案决定了服装表面呈现的纹理效果，包括植物、动物、人、风景、文字、卡通、色块和抽象图案等类型。面料则影响了服装的质地、风格，包括雪纺、蕾丝、羊毛、丝绸、棉麻、呢绒、皮革、薄纱、麻织、牛仔等类型。

　　服装的图案是指对服装及配饰进行的装饰和纹样设计，图案与服装紧密相连，具有装饰、美化服装的作用。图案可以增强服装的设计感与美观性，更好地吸引人们的视线，使服装更具吸引力。服装图案的内容非常广泛，构成图案的元素也很多，大致可分为植物、动物、人、风景、文字、卡通、色块和抽象图案八种类别。通过不同的工艺与组织形式，可以使服装更加美观，整体更加和谐、协调。

4.1.1　植物

　　植物是服装图案中应用最多的元素，包括各种花卉、树叶、藤蔓、果实等。植物的选择与服装的类型有关，如童装可使用一些活泼的卡通植物、花卉对服装进行装饰；而礼服则应使用玫瑰、樱花等花卉作为装饰元素来表现女性的优雅、柔美。植物图案与其他图案相比，更具灵活性和适用性，花卉图案无论是从整体上使用还是选择部分元素使用，或是对其进行适当的删减添加，都不会影响它的结构与基本形象；植物图案适用于大多数服装，并且可装饰在服装的任何位置。不同的手法与形式还会使服装呈现出不同的效果，如礼服上的立体花朵装饰，可使服装更加浪漫与优雅，并带有一种立体的美感。

色彩调性： 浪漫、优雅、自然、柔和、清新、生机勃勃、复古。

常用主题色：

CMYK:4,13,13,0　　CMYK:82,36,44,0　　CMYK:34,1,59,0　　CMYK:11,51,28,0　　CMYK:12,18,51,0　　CMYK:75,57,73,17

常用色彩搭配

CMYK: 20,4,72,0
CMYK: 62,16,51,0

柠檬黄明度和纯度较高，给人以较强的视觉冲击力，搭配清新的海绿色，总体可给人清新、明媚、活泼的感觉。

CMYK: 12,53,30,0
CMYK: 11,7,13,0

浪漫、甜美的浅玫瑰红搭配亚麻色，可给人留下温柔、亲切、可爱的印象。

CMYK: 26,38,25,0
CMYK: 54,4,30,0

褐玫瑰红既拥有粉色的温柔，又带有一丝成熟与大气，与清新、明亮的青绿色搭配，给人以温柔、充满希望的感觉。

CMYK: 50,5,24,0
CMYK: 91,61,52,8

鲜嫩的粉青色搭配稳重的深青色，两种颜色色相相近，搭配在一起能使服装的色彩更具层次感，整体显得和谐、有序。

配色速查

生长	复古	活跃	自然

CMYK: 59,31,57,0
CMYK: 11,31,32,0
CMYK: 9,79,44,0

CMYK: 7,16,20,0
CMYK: 37,15,26,0
CMYK: 80,67,58,17

CMYK: 13,5,50,0
CMYK: 46,26,7,0
CMYK: 80,75,9,0

CMYK: 42,9,28,0
CMYK: 13,6,18,0
CMYK: 22,46,21,0

这件连衣裙整体使用植物图案的印花，在视觉上给人以生动、自然的感受，茂密的花草层叠排列，翠鸟隐匿其中，使服装展现出一种生机勃勃的自然气息，给人留下自然、清新的印象，具有较强的视觉吸引力。

CMYK: 2,27,22,0
CMYK: 73,50,63,4
CMYK: 89,84,89,76

色彩点评

■ 服装大面积使用橘粉色，可以让人联想到傍晚温柔、朦胧的粉色彩霞。

■ 红色的花朵点缀在大面积的绿色植物之中，形成一定的对比，又与背景的橘粉色搭配和谐，增强了服装的层次感，图案鲜活、生动，给人留下深刻的印象。

■ 服装整体图案明度适中，给人自然、柔和的视觉感受，不会带来较大的刺激感，使服装更具典雅、浪漫的气息。

推荐色彩搭配

C: 11	C: 62	C: 33
M: 6	M: 33	M: 0
Y: 11	Y: 6	Y: 45
K: 0	K: 0	K: 0

C: 25	C: 16
M: 51	M: 20
Y: 51	Y: 45
K: 0	K: 0

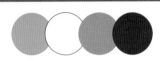

C: 68	C: 0	C: 23	C: 91
M: 0	M: 0	M: 25	M: 60
Y: 42	Y: 0	Y: 82	Y: 51
K: 0	K: 0	K: 0	K: 7

这件连衣裙使用水果图案大面积印染，色彩明亮鲜艳，给人活泼、生动的视觉感受。图案以写实的手法进行设计，使图案更加生动、形象。且图案自由分布在服装上，这种无规律性的排列给人随性、活泼的感受，使服装更具动感与吸引力。

CMYK: 2,2,4,0   CMYK: 7,15,74,0
CMYK: 82,57,100,30

色彩点评

■ 服装整体明度较高，色彩较为鲜艳、醒目，给人活泼、热情的感觉。

■ 服装中黄色的果实与绿色的叶子是类似色搭配，在形成一定对比的同时视觉效果也较为和谐、自然，不会带来过多冲撞感。

■ 写实的黄色果实给人清新、自然的感受。

推荐色彩搭配

C: 81	C: 5	C: 2
M: 88	M: 16	M: 3
Y: 0	Y: 14	Y: 3
K: 0	K: 0	K: 0

C: 7	C: 62	C: 62
M: 13	M: 27	M: 33
Y: 16	Y: 42	Y: 6
K: 0	K: 0	K: 0

C: 45	C: 4	C: 11	C: 47
M: 85	M: 40	M: 10	M: 32
Y: 7	Y: 7	Y: 11	Y: 40
K: 0	K: 0	K: 0	K: 0

4.1.2 动物

动物也是服装图案中较为常见的元素，但动物图案的灵活性与适用性同植物图案相比是较弱的。同植物图案的优雅、浪漫、内敛不同，动物图案更加活跃、生动、大胆，由于动物的形象、姿态各有不同，服装呈现出的风格也大有不同、各有特色。动物图案应用在服装设计中，会使服装更加独特，并能增强服装的趣味性与时尚感。

色彩调性：活跃、生动、大胆、个性、有趣、年轻。

常用主题色：

CMYK:66,5,38,0　　CMYK:8,70,74,0　　CMYK:73,51,37,0　　CMYK:16,26,81,0　　CMYK:74,75,66,35　　CMYK:25,91,69,0

常用色彩搭配

CMYK: 63,19,33,0
CMYK: 39,17,64,0

军蓝色清新、鲜活，草绿色象征着新生与活力，搭配在一起给人生动、活泼的感觉。

CMYK: 62,76,73,31
CMYK: 5,43,24,0

褐色深沉、成熟，搭配活泼而甜美的粉色，在视觉上可以产生较大差异，具有较强的视觉冲击力。

CMYK: 25,44,81,0
CMYK: 83,77,93,68

暗金黄色搭配黑色，通常是豹纹和虎纹图案的配色，暗金黄色带有一种威严、尊贵的特性，与虎、豹等动物威猛、强健的特点相符，给人以帅气、利落的感觉。

CMYK: 69,77,73,42
CMYK: 22,49,77,0

重褐色搭配秘鲁色，整体色调较暗，给人成熟、深沉、稳重的感觉。

配色速查

律动	明快	休闲	生动

CMYK: 77,47,22,0
CMYK: 1,4,3,0
CMYK: 62,20,29,0

CMYK: 41,6,32,0
CMYK: 25,3,55,0
CMYK: 58,75,57,9

CMYK: 15,4,6,0
CMYK: 15,82,71,0
CMYK: 60,41,36,0

CMYK: 29,100,97,0
CMYK: 10,7,7,0
CMYK: 62,33,6,0

这件蓝色长衬衫上的长颈鹿图案采用相对写实的手法进行刻画，总体上保持了长颈鹿的形象，增强了服装的趣味性，给人一种生动、活跃的视觉感受。图案没有使用动物本身的颜色，而是使用黑白两色，使图案与服装的色彩搭配较为和谐，服装整体效果较为突出。

色彩点评

- 服装的主色为蓝色，呈冷色调，给人纯净、大方的感觉。
- 浅蓝色衬衫搭配红色长裤，色彩的纯度较高，对比强烈，具有较强的视觉冲击力。
- 服装中大面积的红色与蓝色形成对比，动物图案为黑白两色，搭配在一起不会产生较强的视觉刺激性。

CMYK: 43,10,10,0　CMYK: 11,93,80,0
CMYK: 81,78,75,58　CMYK: 0,1,0,0

推荐色彩搭配

C: 69	C: 16	C: 13	C: 73	C: 22	C: 14	C: 64	C: 27	C: 69	C: 14	C: 22
M: 68	M: 20	M: 9	M: 71	M: 65	M: 10	M: 57	M: 98	M: 62	M: 10	M: 64
Y: 0	Y: 81	Y: 20	Y: 67	Y: 78	Y: 11	Y: 96	Y: 100	Y: 25	Y: 18	Y: 84
K: 0	K: 0	K: 0	K: 32	K: 0	K: 0	K: 15	K: 0	K: 0	K: 0	K: 0

这套服饰整体明度较低，视觉刺激感较弱，给人稳重、内敛的感觉。斗篷的款式很好地展现出女性大方、优雅的气质。飞鸟的图案使服装更加生动、活泼，增强了服装的活跃性，刺绣的工艺使图案更加立体形象，使服装更具"动"的美感。同时丰富了服装的色彩，减轻了服装的沉闷感。

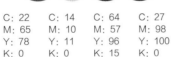

色彩点评

- 服装整体呈深蓝色，给人成熟、稳重的感觉。
- 服装整体明度较低，视觉刺激较弱，给人和谐、沉静的视觉感受。
- 飞鸟图案的色彩与服装的色彩明度差异较大、对比强烈，深蓝色的低明度使高明度的飞鸟图案更加突出，给人栩栩如生的感受，增强了服装的感染力。

CMYK: 100,93,50,17　CMYK: 88,85,84,75
CMYK: 7,25,25,0

推荐色彩搭配

C: 11	C: 0	C: 81	C: 12	C: 7	C: 26	C: 75	C: 26	C: 71	C: 8
M: 11	M: 54	M: 88	M: 26	M: 3	M: 18	M: 53	M: 75	M: 21	M: 13
Y: 11	Y: 25	Y: 0	Y: 67	Y: 5	Y: 18	Y: 38	Y: 84	Y: 59	Y: 35
K: 0	K: 0	K: 0	K: 0	K: 0	K: 0	K: 0	K: 0	K: 0	K: 0

4.1.3 人

　　服装中的人物图案是将现实生活中的人物形象通过一定的设计加工，改变其原有的造型、结构、色彩，起到装饰服装的作用，给人独特、个性的视觉感受。对于人物图案的应用方式可分为两种类型：一是通过各种夸张手法来表现人物形象；二是通过绘画人物、真实人物肖像等较为写实的手法塑造形象。对人物图案进行适当的处理，可以更好地增强服装的设计感和美感，丰富人物形象，使整体服装更加时尚、新颖，趣味十足。

色彩调性： 个性、时尚、新颖、有趣、潮流、大胆。

常用主题色：

| CMYK:5,13,29,0 | CMYK:47,4,60,0 | CMYK:15,83,41,0 | CMYK:51,48,0,0 | CMYK:20,18,21,0 | CMYK:0,69,70,0 |

常用色彩搭配

CMYK: 6,24,15,0 CMYK: 22,14,61,0	CMYK: 0,32,29,0 CMYK: 19,18,30,0	CMYK: 27,0,9,0 CMYK: 24,47,0,0	CMYK: 82,47,63,3 CMYK: 0,36,32,0
浅粉色搭配芥末黄，粉色甜美、可爱，搭配稚嫩、清新的芥末黄，给人以青春、活跃的感觉。	桃色搭配卡其色，卡其色温柔、平和；桃色优雅、柔美，搭配在一起给人优雅、美观、大方的感觉。	清新、自然的粉蓝色搭配浪漫、优雅的蔷薇紫，更显穿着者端庄、优雅的气质。	孔雀绿色搭配桃色，绿色象征着生命的希望与活力，搭配优雅的桃色，使服装更加鲜活、时尚。

配色速查

时尚	明快	新颖	潮流

| CMYK: 18,13,22,0
CMYK: 15,39,51,0
CMYK: 43,67,16,0 | CMYK: 16,42,42,0
CMYK: 4,15,64,0
CMYK: 90,95,25,0 | CMYK: 40,51,96,0
CMYK: 0,47,9,0
CMYK: 25,0,52,0 | CMYK: 71,3,53,0
CMYK: 22,33,0,0
CMYK: 38,0,84,0 |

这件大衣上的人物图案采用绝对写实的手法进行刻画，人物的头发、服装刻画得较为自然、真实。人物的面部没有五官，而是变成了UFO（飞碟），将人物与飞碟组合在一起，给人以科幻、怪诞的感觉，使服装更具趣味性与视觉吸引力。

色彩点评

- 服装以浅橙色与紫色为主色，对比较为鲜明，视觉冲击力较强，给人留下深刻的印象。
- 紫色给人神秘、优雅的感觉，人物形象大面积使用紫色，能突出绅士、优雅的形象。
- 黄色作为点缀色，明亮醒目，视觉吸引力较强。

CMYK: 16,42,44,0 CMYK: 81,87,1,0
CMYK: 4,17,56,0 CMYK: 10,45,9,0

推荐色彩搭配

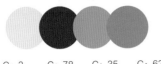  

C: 3	C: 78	C: 35	C: 62	C: 0	C: 4	C: 18	C: 85	C: 20	C: 45	C: 65
M: 6	M: 63	M: 28	M: 33	M: 62	M: 28	M: 16	M: 62	M: 17	M: 53	M: 39
Y: 21	Y: 67	Y: 68	Y: 6	Y: 61	Y: 89	Y: 13	Y: 0	Y: 7	Y: 27	Y: 90
K: 0	K: 23	K: 0	K: 0	K: 0	K: 0	K: 0	K: 0	K: 0	K: 0	K: 1

这件短裙的图案是两个女孩子躺在草地上的画面，给人以静谧、宁静的感觉。人物形象采用绝对写实的手法进行刻画，将人物的面部表情刻画得栩栩如生，给人以真实、细腻、自然的视觉感受，增强了服装的设计感和美感，使服装更具吸引力。

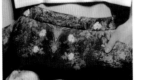

色彩点评

- 服装图案中的地面色彩呈深绿色，色彩明度较低，给人以静谧、幽深的感觉。
- 人物肤色明度较高，与地面的色彩形成鲜明对比，而深色背景使人物的形象更加突出、醒目。
- 服装主要色彩为浅黄、深绿和黑色，色彩搭配和谐、自然，给人一种置身森林的感觉。

CMYK: 2,13,27,0
CMYK: 80,62,80,34

推荐色彩搭配

C: 16	C: 52	C: 51	C: 12	C: 22	C: 71	C: 22	C: 35	C: 14	C: 87
M: 80	M: 7	M: 45	M: 26	M: 33	M: 3	M: 33	M: 0	M: 7	M: 62
Y: 35	Y: 67	Y: 0	Y: 67	Y: 30	Y: 53	Y: 0	Y: 9	Y: 47	Y: 0
K: 0	K: 0	K: 0	K: 0	K: 0	K: 0	K: 0	K: 0	K: 0	K: 0

4.1.4 风景

在服装设计中，风景图案与植物图案相比应用较少。对自然的风景元素进行一定的设计、归纳整理，再将其应用于服装设计，可以极大地增强服装的艺术性与美感，使服装产生惊人的视觉效果。将风景图案应用到服装中，不仅使服装更加美观、精致，更使人们对自然风景有了进一步的了解与认识。春江秋月、亭台楼阁、花鸟鱼虫的图案让人们在欣赏的同时，也会带给人们开阔、自然的感受。

色彩调性：唯美、自然、清雅、沉静、广阔、清爽。

常用主题色：

CMYK:0,11,9,0　CMYK:33,16,5,0　CMYK:93,73,13,0　CMYK:5,49,28,0　CMYK:87,53,58,6　CMYK:6,11,43,0

常用色彩搭配

CMYK: 7,53,90,0
CMYK: 31,29,85,0

CMYK: 45,5,34,0
CMYK: 31,20,18,0

CMYK: 24,11,17,0
CMYK: 49,7,22,0

CMYK: 22,22,8,0
CMYK: 15,31,83,0

阳橙色搭配土著黄，土著黄较为深沉、成熟，搭配明亮、活泼的橙色，可以让人联想到明媚的阳光，很好地展现出穿着者开朗、活泼的性格特点，视觉冲击力较强。

青瓷绿搭配灰色，绿色清新、鲜活，象征着自然与生命，搭配灰色在风景图案中使用，给人以柔和、自然的视觉感受。

浅灰绿色搭配青色，青色与绿色相比更加清冷，给人以端庄、沉静的感觉，搭配温柔、朴素的浅灰绿色，给人以淡雅、古典的感觉。

蓟色是淡淡的紫色，给人以温柔、浪漫的感觉，暗金色则象征着庄重、尊贵，组合在一起给人以华贵、优雅的感觉。

配色速查

广阔

清爽

自然

唯美

CMYK: 30,4,6,0
CMYK: 93,73,13,0
CMYK: 46,21,78,0

CMYK: 78,42,55,0
CMYK: 6,22,11,0
CMYK: 24,0,57,0

CMYK: 30,4,6,0
CMYK: 50,50,59,0
CMYK: 46,18,60,0

CMYK: 49,21,7,0
CMYK: 0,26,18,0
CMYK: 17,34,0,0

这款服装采用相对写实的手法展现了天空与高山的风景，澄净的天空与巍峨的高山给人开阔、震撼的感觉。风景图案使服装更具视觉吸引力，增强了服装的艺术性与美观性，提升了服装的观赏性，给人留下深刻的印象。

CMYK: 26,4,2,0
CMYK: 1,38,69,0
CMYK: 79,69,78,45

色彩点评

■ 蓝色纯净、广阔，在服装中运用大面积的蓝色，给人一种宽阔、宽广、震撼的感觉。

■ 土黄色较之黄色明度较低，给人一种沉稳、厚重的感觉。以土黄色作为高山的背景，与高山相呼应，给人以巍峨、悠远的感觉。

■ 服装中的蓝色采用渐变手法，并在服装腰部位置加入紫色，过渡自然，在增强服装层次感的同时减弱了黄蓝两色的冲撞感，使服装色彩搭配更加和谐、自然。

推荐色彩搭配

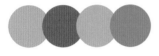

C: 33	C: 9	C: 15	C: 54	C: 33	C: 14	C: 46	C: 13	C: 7	C: 89	C: 29
M: 14	M: 54	M: 26	M: 23	M: 21	M: 25	M: 18	M: 24	M: 12	M: 76	M: 84
Y: 9	Y: 80	Y: 4	Y: 26	Y: 9	Y: 24	Y: 60	Y: 47	Y: 41	Y: 40	Y: 85
K: 0	K: 0	K: 0	K: 0	K: 0	K: 0	K: 0	K: 0	K: 0	K: 3	K: 0

这件连衣裙同样使用了风景图案，将天空、海洋与植物组合在一起，给人以清凉、广阔、平静的视觉感受。服装由上至下的黄色波点逐渐变成镂空，使服装更具个性与设计感，给人独特、时尚的印象。

CMYK: 25,0,5,0
CMYK: 85,57,13,0
CMYK: 42,15,78,0
CMYK: 12,0,38,0

色彩点评

■ 服装整体的色彩明度较高，大面积的蓝色给人平静、清凉的感觉。

■ 绿色与蓝色属于类似色对比，蓝色的天空、海洋与绿色的植被搭配在一起，给人和谐、自然的感觉，极具自然气息。

■ 图案中白色的海浪与蔚蓝的海面形成一定对比，增强了服装的动感，使服装图案更加生动，视觉吸引力更强。

推荐色彩搭配

C: 1	C: 77	C: 7	C: 33	C: 58	C: 35	C: 16	C: 9	C: 93	C: 75
M: 0	M: 71	M: 24	M: 4	M: 78	M: 24	M: 3	M: 74	M: 88	M: 50
Y: 5	Y: 67	Y: 28	Y: 13	Y: 74	Y: 36	Y: 6	Y: 32	Y: 49	Y: 92
K: 0	K: 34	K: 0	K: 0	K: 27	K: 0	K: 0	K: 0	K: 17	K: 11

4.1.5 文字

文字图案广泛地应用于服装设计中，一方面，文字作为表达和传播信息的媒介，可以更快地传达信息；另一方面，对文字进行加工设计后，可以使文字起到装饰服装的作用。同其他图案不同，文字图案在装饰服装的同时，还具有一定的文化内涵。对文字进行变形、删减，或是与其他元素如花鸟鱼虫结合，都不会对服装的美感产生影响。需要注意的是，文字的使用要与服装的风格、着装者的年龄相适应，如追求个性的年轻人，多是在运动类服装中使用变形和较夸张的文字，以此突出穿着者个性以及潇洒的形象特点。

色彩调性： 个性、时尚、青春、艺术、休闲、新潮。

常用主题色：

CMYK:13,95,90,0　CMYK:0,0,0,0　CMYK:75,34,18,0　CMYK:16,20,81,0　CMYK:4,75,90,0　CMYK:62,33,6,0

常用色彩搭配

CMYK: 89,75,76,56
CMYK: 31,89,100,0

黑色搭配砖红色，黑色神秘、个性，是深受年轻人喜爱的颜色，搭配温暖、炽热的砖红色，可以在低调中展现自我。

CMYK: 39,25,16,0
CMYK: 4,27,0,0

浅灰蓝搭配粉色，在蓝中加入灰色，使色彩更加温柔、平和，搭配甜美、年轻的粉色，给人以柔和、自然的视觉感受。

CMYK: 50,5,24,0
CMYK: 0,0,0,0

青色搭配白色，青色清新、明亮，搭配柔和、纯净的白色，给人以青春、活力的感受。

CMYK: 17,79,48,0
CMYK: 63,22,0,0

山茶红搭配蓝色，两种颜色纯度较高，对比鲜明，视觉冲击力较强，给人鲜明、鲜活、活跃的感受。

配色速查

活跃	个性	休闲	青春
CMYK: 49,25,17,0	CMYK: 18,95,100,0	CMYK: 83,73,49,10	CMYK: 0,64,69,0
CMYK: 13,95,90,0	CMYK: 80,83,0,0	CMYK: 3,0,1,0	CMYK: 3,0,1,0
CMYK: 3,0,1,0	CMYK: 4,9,4,0	CMYK: 59,13,10,0	CMYK: 62,33,6,0

这套服装将文字图案与图形图案结合运用，使服装更具设计感与艺术感染力。宽松休闲的款式穿着舒适，便于活动，短裤与运动裤的叠穿更显个性与不羁。卫衣的文字图案传递出品牌信息与理念。

CMYK: 83,88,75,66
CMYK: 31,0,60,0
CMYK: 16,85,67,0
CMYK: 1,0,0,0

色彩点评

- 卫衣主色为黑色，色彩明度极低，给人酷帅、个性的感受。
- 荧光绿醒目、鲜艳，与黑色卫衣搭配在一起，冲淡了黑色的深沉感，提升了服装的视觉吸引力。
- 文字使用白色和荧光绿，在与黑色形成鲜明对比的同时，又由于黑色在视觉上具有后退、远离的效果，更加突出文字，使服装可以更好地传递情感与内涵。

推荐色彩搭配

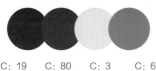 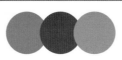 

C: 19	C: 80	C: 3	C: 62		C: 2	C: 62	C: 13	C: 6		C: 62	C: 23	C: 0
M: 95	M: 75	M: 10	M: 33		M: 0	M: 33	M: 81	M: 35		M: 33	M: 0	M: 60
Y: 100	Y: 12	Y: 2	Y: 6		Y: 3	Y: 6	Y: 95	Y: 84		Y: 6	Y: 56	Y: 48
K: 0	K: 0	K: 0	K: 0		K: 0	K: 0	K: 0	K: 0		K: 0	K: 0	K: 0

这套童装搭配色彩明度较高，给人活泼、明快的视觉感受。服装上的文字图案没有进行夸张的变形，而是简洁、直白地排列在一起，给人清晰、直接的视觉感受，直接明了地表达出服装的信息。

CMYK: 6,8,11,0
CMYK: 93,95,61,47
CMYK: 11,89,78,0

色彩点评

- 服装整体的色彩明度较高，色彩的距离感较弱，给人活泼、欢快的感受。
- 服装的主色为白色，红色为辅助色，这两种颜色都较为醒目、突出，搭配在一起使服装更具视觉吸引力。
- 红色文字突出、醒目，可以更好地吸引观者的注意力。

推荐色彩搭配

C: 11	C: 0	C: 81	C: 12		C: 80	C: 54	C: 3		C: 4	C: 0	C: 62
M: 11	M: 54	M: 88	M: 26		M: 80	M: 53	M: 0		M: 24	M: 76	M: 33
Y: 11	Y: 25	Y: 0	Y: 67		Y: 70	Y: 42	Y: 1		Y: 88	Y: 56	Y: 6
K: 0	K: 0	K: 0	K: 0		K: 51	K: 0	K: 0		K: 0	K: 0	K: 0

4.1.6 卡通

　　随着动漫行业的迅速发展，动漫周边及衍生产品的市场更加广阔，卡通图案在服装设计中的应用也就更加广泛。卡通图案通常给人可爱、有趣、生动的印象，它的风格鲜明、可识别性强，具有较强的视觉吸引力。卡通形象在服装中的应用或是将具体的形象卡通化，例如将动物拟人化之后印染在服装上；或是将服装的造型卡通化，使服装整体呈现为一个卡通人物的形象。

色彩调性： 轻松、活跃、有趣、可爱、纯真、稚嫩。

常用主题色：

CMYK:39,2,7,0　CMYK:4,9,3,0　CMYK:3,55,16,0　CMYK:32,39,13,0　CMYK:8,29,85,0　CMYK:51,2,83,0

常用色彩搭配

CMYK: 10,38,3,0
CMYK: 30,58,0,0
蓟色搭配洋李色，这两种颜色搭配在一起增强了服装色彩的层次感，视觉吸引力更强，给人留下大方、温柔的印象。

CMYK: 38,4,51,0
CMYK: 54,52,5,0
浅绿色搭配紫色，绿色与紫色属于对比色，色彩对比鲜明，给人活泼、醒目的视觉感受。

CMYK: 9,79,31,0
CMYK: 32,33,3,0
玫瑰红搭配丁香紫，这两种颜色都具有优雅、浪漫的特点，是表现女性气质的颜色，搭配在一起让服装更加鲜明、醒目，极具视觉吸引力。

CMYK: 37,7,3,0
CMYK: 0,36,32,0
浅蓝色搭配桃色，桃色优雅、柔美，蓝色清新、活力，搭配在一起给人和谐、舒适的视觉感受。

配色速查

清爽	活跃	可爱	明快

CMYK: 70,72,64,25
CMYK: 1,4,3,0
CMYK: 44,16,15,0

CMYK: 20,0,65,0
CMYK: 46,83,1,0
CMYK: 24,73,22,0

CMYK: 0,55,36,0
CMYK: 7,22,28,0
CMYK: 51,9,11,0

CMYK: 0,69,60,0
CMYK: 41,11,4,0
CMYK: 13,18,50,0

这款连衣裙的图案是卡通的圣诞老人形象，十分诙谐、有趣。将圣诞老人以不同的角度自由排列，使服装图案呈现随性、自由的特点。圣诞老人通常给人留下好运、快乐的印象，印染在服装上可使服装更加有趣、愉悦、放松。

CMYK: 7,80,65,0
CMYK: 5,38,21,0
CMYK: 2,5,0,0
CMYK: 89,85,83,74

色彩点评

■ 服装的主色为白色与红色，两种颜色搭配在一起使服装更加醒目，极具冲击力。

■ 红色象征节日，具有喜庆、吉祥、欢乐的特征，圣诞老人的形象可使人联想到圣诞节，给人欢乐、幸福的感受。

■ 黑色沉稳、大气，黑色的腰带减弱了高纯度的红色带来的刺激感。

推荐色彩搭配

C: 48	C: 15	C: 36	C: 0
M: 24	M: 24	M: 0	M: 51
Y: 4	Y: 55	Y: 10	Y: 15
K: 0	K: 0	K: 0	K: 0

C: 8	C: 5	C: 51	C: 51
M: 31	M: 85	M: 1	M: 0
Y: 87	Y: 92	Y: 84	Y: 21
K: 0	K: 0	K: 0	K: 0

C: 0	C: 63	C: 100
M: 47	M: 99	M: 99
Y: 64	Y: 68	Y: 53
K: 0	K: 0	K: 5

这件儿童连衣裙从整体上看呈现为一只卡通狐狸的形象，给人可爱、有趣、愉悦的感受。服装巧妙地将肩部与狐耳结合，蝴蝶结的设计使服装更加可爱。服装的样式独特、可识别性强，具有较强的视觉吸引力。

CMYK: 2,5,0,0
CMYK: 18,84,87,0
CMYK: 91,69,42,3
CMYK: 89,85,83,74

色彩点评

■ 服装的主色为藏蓝色，给人内敛、沉静的感受。

■ 服装以橙色和白色为辅助色，与藏蓝色进行搭配，橙色和白色明度较高，色彩鲜明，与藏蓝色对比强烈，增强了服装的视觉冲击力。

■ 狐狸形象采用白色与橙色设计，刻画较为真实、自然，给人细腻真实的视觉感受。

推荐色彩搭配

C: 62	C: 10	C: 18	C: 1
M: 33	M: 4	M: 71	M: 4
Y: 6	Y: 41	Y: 0	Y: 3
K: 0	K: 0	K: 0	K: 0

C: 18	C: 2	C: 87
M: 96	M: 3	M: 75
Y: 81	Y: 0	Y: 65
K: 0	K: 0	K: 39

C: 42	C: 17	C: 11
M: 2	M: 39	M: 9
Y: 56	Y: 24	Y: 10
K: 0	K: 0	K: 0

4.1.7　色块

　　色块图案在服装设计中的应用较为普遍，简单的色块拼接视觉冲击力就极强，不同色彩的强烈碰撞能够带来震撼的视觉效果。将不同材质和色彩的面料拼接在一起，可以使服装的风格更加独特。鲜艳的色彩之间产生强烈的对比，使服装展现出强烈的对立的美感。

色彩调性： 醒目、独特、活力、对立、韵律、活跃。

常用主题色：

CMYK:78,33,31,0　　CMYK:11,46,66,0　　CMYK:64,7,38,0　　CMYK:47,98,26,0　　CMYK:13,55,43,0　　CMYK:0,10,16,0

常用色彩搭配

CMYK: 21,39,76,0 CMYK: 13,42,31,0	CMYK: 4,39,16,0 CMYK: 32,29,8,0	CMYK: 24,99,100,0 CMYK: 15,14,16,0	CMYK: 44,13,44,0 CMYK: 4,19,25,0
暗金色搭配褐玫瑰红，暗金色神圣、庄严，给人庄重、高贵的感觉，搭配柔和的褐玫瑰红，使服装风格更加柔和、温馨。	浅粉红搭配丁香紫，甜美、温柔的粉红色搭配优雅、浪漫的紫色，整体服装给人以优雅、迷人的感受。	鲜红搭配淡灰色，明媚、醒目的红色搭配柔和、自然的灰色，视觉冲击力较强，给人醒目、富有韵律的感受。	米色搭配叶绿色，米色柔和、安静，叶绿色则给人清新、活力的感觉，搭配在一起给人以活泼、清新、明媚的感受。

配色速查

柔和	独特	可爱	韵律
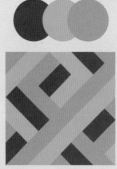			
CMYK: 100,95,2,0 CMYK: 0,11,17,0 CMYK: 62,33,6,0	CMYK: 24,78,70,0 CMYK: 31,20,12,0 CMYK: 23,30,53,0	CMYK: 62,33,6,0 CMYK: 72,12,24,0 CMYK: 2,78,64,0	CMYK: 76,78,0,0 CMYK: 11,31,18,0 CMYK: 58,37,16,0

这套服装的图案是由不同颜色的色块拼接在一起形成的，不同大小的色块自由拼接，在视觉上呈现出一种独特的凌乱感与碰撞感，带来强烈的视觉刺激，使服装更具视觉冲击力。

CMYK: 85,82,80,69
CMYK: 12,47,64,0
CMYK: 9,50,35,0
CMYK: 16,12,11,0
CMYK: 41,47,45,0

色彩点评

■ 服装图案中色彩明度最高的是白色和橙色的色块，同时运用最多的也是橙色与白色，使服装呈暖色调，给人以柔和、温暖的感受。

■ 服装中使用了白色、黑色、粉色、橙色、墨绿色、褐色六种颜色，丰富了服装的色彩，色彩之间对比强烈，使服装更具层次感与冲击力。

■ 黑色是沉稳、平静的颜色，在服装的色彩中占据了较大的面积，减轻了过多色彩带来的刺激性，视觉效果震撼又不过于刺激眼球。

推荐色彩搭配

C: 9	C: 2	C: 56	C: 100	C: 19	C: 25	C: 92	C: 46	C: 0	C: 25	C: 41
M: 56	M: 9	M: 0	M: 99	M: 19	M: 95	M: 76	M: 28	M: 22	M: 95	M: 64
Y: 40	Y: 33	Y: 44	Y: 44	Y: 35	Y: 81	Y: 31	Y: 24	Y: 22	Y: 81	Y: 63
K: 0	K: 0	K: 0	K: 0	K: 0	K: 0	K: 0	K: 0	K: 0	K: 0	K: 0

这套服装的图案由不同颜色的色块组合在一起并形成了立体效果，使服装更具层次感与空间感，增强了服装的设计感与艺术性。

CMYK: 64,35,23,0   CMYK: 78,60,12,0
CMYK: 15,18,57,0   CMYK: 22,83,55,0
CMYK: 12,38,26,0

色彩点评

■ 服装以蓝色为主色，搭配蓝色牛仔裤，给人休闲、青春的感受。

■ 黄色、红色和蓝色搭配在一起，对比强烈，极具视觉冲击力，给人活跃、运动的视觉感受。

■ 服装中使用不同明度的蓝色和红色色块，增强了服装的层次感与空间感。

推荐色彩搭配

C: 0	C: 88	C: 81	C: 8	C: 28	C: 13	C: 33	C: 13	C: 72	C: 20
M: 0	M: 86	M: 88	M: 35	M: 82	M: 9	M: 26	M: 45	M: 41	M: 15
Y: 0	Y: 62	Y: 0	Y: 14	Y: 100	Y: 40	Y: 25	Y: 37	Y: 29	Y: 15
K: 0	K: 43	K: 0	K: 0	K: 0	K: 0	K: 0	K: 0	K: 0	K: 0

4.1.8 抽象

抽象图案是对具体的设计元素运用夸张的手法进行加工，使其与原本的形象形成较大的差异，相比其他图案而言更加随意、个性，艺术感染力更强。抽象图案具有个性、风格鲜明、用色大胆的特点，运用在服装中可以增强服装的辨识度与时尚感。抽象图案中的元素所要表达的意义不明，可以衍生出许多内容，因此，带有抽象图案的服装往往给人留下个性、独特的印象。

色彩调性： 个性、艺术、鲜明、夸张、有趣、神秘。

常用主题色：

| CMYK:87,84,70,56 | CMYK:62,33,6,0 | CMYK:11,13,79,0 | CMYK:56,0,28,0 | CMYK:12,96,52,0 | CMYK:44,5,49,0 |

常用色彩搭配

CMYK：67,29,42,0 CMYK：14,70,96,0	CMYK：33,30,5,0 CMYK：12,12,9,0	CMYK：11,38,31,0 CMYK：14,71,97,0	CMYK：32,14,86,0 CMYK：23,63,20,0
军蓝色搭配橘色，两种颜色纯度较高，对比鲜明，给人较强的视觉冲击力，留下鲜明、个性的印象。	丁香紫搭配浅灰色，浪漫温柔的丁香紫色中加入柔和的灰色，整体服装给人以温柔、自然的视觉感受。	壳黄红搭配橙色，橙色明亮、夺目，两种颜色色相相近，纯度不同，搭配在一起增强了服装的层次感，给人以和谐、自然、生动的视觉感受。	黄绿色搭配灰玫红，两种颜色对比鲜明，黄绿色清新、年轻，玫红色则更显温柔、优雅，搭配在一起使服装更具冲突性，给人以个性、鲜明、时尚的感受。

配色速查

清爽	活跃	可爱	明快
CMYK: 62,33,6,0 CMYK: 46,44,40,0 CMYK: 3,0,1,0	CMYK: 56,30,8,0 CMYK: 31,4,46,0 CMYK: 5,34,7,0	CMYK: 12,33,8,0 CMYK: 11,13,79,0 CMYK: 81,76,70,46	CMYK: 60,13,67,0 CMYK: 14,76,14,0 CMYK: 62,33,6,0

这套服装的图案抽象、独特，将不同的颜色组合在一起，色彩对比强烈，极具个性。将点、线条、色块夸张化处理，使线条、点、色块更具艺术性与独特性，增强了服装的辨识度，给人以个性、独特的感受。

CMYK: 88,64,0,0
CMYK: 23,19,23,0
CMYK: 2,29,9,0
CMYK: 11,94,57,0
CMYK: 3,4,1,0

色彩点评

- 服装的主色为蓝色与灰色，这两种颜色搭配在一起，给人柔和、沉静的视觉感受。
- 粉红色与蓝色对比鲜明，视觉刺激性较强，增强了服装的视觉吸引力。
- 服装使用了大量的波点元素，丰富服装色彩的同时，增强了服装的设计感与辨识度。

推荐色彩搭配

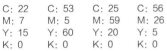

C: 22	C: 53	C: 25	C: 56	C: 10	C: 24	C: 33	C: 51	C: 0	C: 88	C: 9
M: 7	M: 5	M: 59	M: 26	M: 84	M: 18	M: 21	M: 68	M: 87	M: 76	M: 11
Y: 15	Y: 60	Y: 20	Y: 5	Y: 78	Y: 17	Y: 86	Y: 70	Y: 73	Y: 10	Y: 60
K: 0	K: 0	K: 0	K: 0	K: 0	K: 0	K: 0	K: 9	K: 0	K: 0	K: 0

这件衬衫的图案经过夸张处理后更加具有艺术感染力，它改变了原有的样式，使各个视觉元素更加夸张、另类、独特。经过加工后的图案视觉效果更加震撼、强烈，给人留下深刻的印象。

CMYK: 4,2,15,0   CMYK: 96,96,70,64
CMYK: 11,15,68,0   CMYK: 100,95,29,0
CMYK: 17,94,91,0

色彩点评

- 服装的主色为黑白两色，这两种颜色的搭配经典、普遍，辨识度不强。因此在服装中加入波点元素可使服装更具设计感与层次感。
- 夸张的图案增强了服装的艺术感染力，红色、蓝色、黄色色彩纯度较高，对比强烈，增强了服装的视觉冲击力。
- 黑色的手的图案增强了衬衫图案的神秘感，给人无限的想象空间。

推荐色彩搭配

C: 15	C: 22	C: 91	C: 56	C: 12	C: 69	C: 9	C: 7	C: 90	C: 26
M: 97	M: 18	M: 97	M: 0	M: 39	M: 89	M: 14	M: 68	M: 64	M: 18
Y: 59	Y: 19	Y: 9	Y: 28	Y: 82	Y: 89	Y: 9	Y: 81	Y: 69	Y: 4
K: 0	K: 0	K: 0	K: 0	K: 0	K: 66	K: 0	K: 0	K: 30	K: 0

　　面料是指用来制作服装的材料，是服装设计的三要素之一。面料不仅可以影响服装的风格，还可以影响服装的色彩与造型的表现效果。不同的面料适用于不同种类的服装，如丝绸多用来制作礼服、睡衣。面料还可以反映出穿着者的身份、地位等，如礼服呢，多用来制作高级大衣、礼服等。

4.2.1 雪纺

雪纺是丝织物中的纱类面料，学名"乔其纱"，以平纹组织织成，面料经纬舒朗，透气性良好。雪纺面料质地轻薄、柔软，悬垂性较好，穿着舒适、飘逸通透，由雪纺面料制成的服装优雅柔美，富有弹性，不易褶皱磨损。雪纺面料还可以进行不同的加工处理，如印花、染色、刺绣、烫金、褶皱等。雪纺面料的色彩多为浅色调与素淡的颜色，给人典雅、端庄之感，适宜作为春夏女性时装的面料。缺点是不可暴晒，容易钩纱、牢固性差。

色彩调性：典雅、端庄、秀丽、温柔、飘逸、梦幻。

常用主题色：

| CMYK:6,37,17,0 | CMYK:26,4,2,0 | CMYK:38,0,18,0 | CMYK:5,12,39,0 | CMYK:0,11,9,0 | CMYK:15,32,0,0 |

常用色彩搭配

CMYK: 22,22,8,0
CMYK: 0,36,32,0
在轻盈飘逸的雪纺面料上，以蓟色搭配桃色，优雅、温柔的紫色搭配甜美的桃色，使服装更显典雅、梦幻。

CMYK: 37,7,3,0
CMYK: 12,12,9,0
浅蓝搭配亮灰色，清冷、梦幻的浅蓝色搭配柔和、内敛的灰色，给人以端庄、沉静的感受。

CMYK: 7,60,24,0
CMYK: 32,33,3,0
浅玫瑰红搭配丁香紫，浪漫、华丽的浅玫瑰红搭配优雅的丁香紫，可以更好地展现女性迷人、优雅的气质。

CMYK: 0,0,0,0
CMYK: 17,6,12,0
浅灰绿搭配白色，柔和的白色搭配古典、素雅的浅灰绿色，给人以古典、素雅、沉静的感受。

配色速查

柔和

甜美

沉静

神秘

 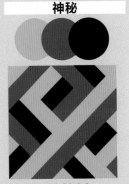

CMYK: 5,7,13,0
CMYK: 6,37,17,0
CMYK: 6,23,58,0

CMYK: 9,24,1,0
CMYK: 0,0,0,0

CMYK: 15,4,6,0
CMYK: 15,82,71,0
CMYK: 60,41,36,0

CMYK: 23,28,0,0
CMYK: 73,82,0,0
CMYK: 90,86,86,77

这件连衣裙由雪纺面料制成，轻薄透气，质地柔软，穿着舒适，垂感较好，并富有弹性，不易磨损。服装上的刺绣花卉图案使服装更加清新、柔美。腰带不仅使服装更加精致，同时提升了腰线的位置，修饰了身材比例。

CMYK: 18,3,0,0
CMYK: 78,48,24,0
CMYK: 6,16,44,0
CMYK: 24,95,54,0

色彩点评

- 服装以浅蓝色为主色，给人清凉、温柔的感受。
- 服装整体明度较高，色彩较为清新、明快，可给人留下活泼、自然的印象。
- 深蓝、红、黄三色的刺绣丰富了服装的色彩，增强了服装的层次感，提升了服装的视觉吸引力。

推荐色彩搭配

C: 10
M: 11
Y: 16
K: 0

C: 18
M: 40
Y: 57
K: 0

C: 61
M: 33
Y: 49
K: 0

C: 0
M: 0
Y: 0
K: 0

C: 27
M: 5
Y: 1
K: 0

C: 10
M: 47
Y: 15
K: 0

C: 78
M: 51
Y: 21
K: 0

这款长裙由雪纺面料制成，配有同种面料制成的长披风，整体飘逸通透，优雅、端庄。质地轻柔，贴身舒适，良好的悬垂性使服装不易松垮、褶皱。裙边采用花边设计，增强了服装的设计感，使服装更加柔美、温柔。

CMYK: 6,15,15,0

色彩点评

- 服装明度适中，给人柔和、雅致的视觉感受。
- 服装整体使用杏色，而杏色视觉冲击力不强，可给人留下优雅、柔和、内敛的印象。

推荐色彩搭配

C: 23
M: 28
Y: 0
K: 0

C: 15
M: 43
Y: 31
K: 0

C: 90
M: 86
Y: 86
K: 77

C: 10
M: 47
Y: 15
K: 0

C: 15
M: 20
Y: 13
K: 0

C: 0
M: 0
Y: 0
K: 0

C: 11
M: 11
Y: 9
K: 0

C: 62
M: 0
Y: 25
K: 0

4.2.2　蕾丝

　　蕾丝属于化纤织物，是由锦纶、棉、涤纶、氨纶等面料通过不同的比例混合而制成的。蕾丝元素适用的范围较广，多数服饰都可加入蕾丝元素进行设计。蕾丝面料质地轻薄通透，由它制成的服装具有优雅、浪漫的特点。缺点是易抽丝变形、起球。

　　色彩调性：甜美、优雅、神秘、浪漫、温柔、恬静。

　　常用主题色：

| CMYK:0,0,0,0 | CMYK:87,84,70,56 | CMYK:30,52,0,0 | CMYK:13,70,22,0 | CMYK:30,4,6,0 | CMYK:19,16,14,0 |

常用色彩搭配

CMYK: 22,27,2,0
CMYK: 90,75,54,20

CMYK: 6,35,26,0
CMYK: 24,17,18,0

CMYK: 55,44,5,0
CMYK: 0,0,1,0

CMYK: 19,4,9,0
CMYK: 63,22,0,0

蓟色搭配深青色，温柔、浪漫的紫色搭配成熟、大气的深青色，可以更好地展现出穿着者优雅、大方的气质。

桃色搭配灰色，柔美、优雅的桃色搭配自然、低调的灰色，给人以自然、温柔的感受。

紫色搭配白色，紫色给人以浪漫、神秘的感受，搭配纯净、柔和的白色，使服装风格更加恬静、温柔。

浅葱色搭配蓝色，清新、纯净的浅葱色搭配冷静、素雅的蓝色，使服装整体呈冷色调，给人以清冷、优雅、端庄的感受。

配色速查

浪漫

CMYK: 18,100,77,0
CMYK: 90,86,86,77

恬静

CMYK: 15,40,7,0
CMYK: 4,11,8,0
CMYK: 24,49,33,0

神秘

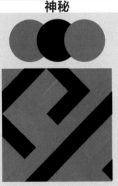

CMYK: 82,34,62,0
CMYK: 87,84,78,68
CMYK: 60,41,36,0

简约

CMYK: 0,0,0,0
CMYK: 87,84,78,68

这款晚礼服由蕾丝面料制成，呈现出一种镂空效果，使服装更具优雅与浪漫的韵味。服装上的花纹图案为服装增添了一丝神秘气息。穿着后裙摆自然向外散开，突出身形曲线，更好地展现了女性的迷人气质。

CMYK: 31,100,84,0

色彩点评

■ 服装色彩纯度较高，色彩鲜艳、夺目，给人华丽、耀眼的视觉感受。

■ 服装整体采用红色，可给人留下火热、华丽、迷人的印象。

推荐色彩搭配

C: 6	C: 90	C: 13	C: 21	C: 6	C: 93	C: 19	C: 0	C: 4
M: 8	M: 86	M: 30	M: 0	M: 21	M: 88	M: 7	M: 0	M: 11
Y: 7	Y: 86	Y: 0	Y: 10	Y: 5	Y: 89	Y: 0	Y: 0	Y: 8
K: 0	K: 77	K: 0	K: 0	K: 0	K: 80	K: 0	K: 0	K: 0

这件连衣裙由两种面料制成，内层采用纺绸面料，柔软轻薄，贴身舒适；外层则采用蕾丝面料，使服装既具有镂空的优雅、浪漫，又不过于暴露。繁复的花纹使服装更加精致、柔美。

CMYK: 43,22,3,0
CMYK: 80,80,81,65

色彩点评

■ 服装整体明度适中，给人温柔、雅致的视觉感受。

■ 蓝色温柔、纯净，服装整体为蓝色，给人温柔、柔和、优雅的感受。

推荐色彩搭配

C: 58	C: 9	C: 15	C: 18	C: 4	C: 3	C: 36
M: 38	M: 8	M: 12	M: 34	M: 10	M: 47	M: 0
Y: 13	Y: 0	Y: 8	Y: 27	Y: 36	Y: 78	Y: 33
K: 0	K: 0	K: 0	K: 0	K: 0	K: 0	K: 0

4.2.3　羊毛

羊毛面料属于毛织物，是以羊毛为原材料纺织而成的面料，可分为梭织面料和针织面料两类。

纯羊毛面料大多质地细腻柔软，呢面光滑，光泽柔和，富有弹性，制成的服装不易褶皱，版型挺括。羊毛具备良好的保暖性、吸湿性、耐用性，穿着舒适保暖、不易损坏，可作为大衣、西装等服装的面料。

色彩调性： 温暖、柔和、内敛、沉静、低调、气质。

常用主题色：

| CMYK:0,0,0,0 | CMYK:87,84,70,56 | CMYK:51,67,76,9 | CMYK:19,16,14,0 | CMYK:11,25,40,0 | CMYK:41,33,31,0 |

常用色彩搭配

CMYK: 31,85,92,0 CMYK: 24,30,29,0	CMYK: 44,56,63,0 CMYK: 20,27,4,0	CMYK: 33,27,22,0 CMYK: 69,77,73,42	CMYK: 50,46,40,0 CMYK: 87,66,9,0
暗橘色搭配卡其色，服装整体色彩呈暖色调，给人温暖、成熟的感受。	驼色搭配淡紫色，驼色成熟、沉着，搭配优雅的紫色，在成熟中增添了女性柔美、明媚的韵味。	灰色搭配巧克力色，给人以柔和、朴素的视觉感受，使服装更加低调、简约。	灰色搭配蔚蓝色，冷静、稳重的蔚蓝色搭配柔和、内敛的灰色，给人以沉稳、低调、简约的感受。

配色速查

内敛	大方	优雅	沉静

CMYK: 41,44,39,0 CMYK: 43,35,33,0 CMYK: 81,96,16,0	CMYK: 6,8,16,0 CMYK: 51,67,76,9	CMYK: 51,18,26,0 CMYK: 4,11,18,0 CMYK: 47,100,100,19	CMYK: 5,3,4,0 CMYK: 66,68,74,27 CMYK: 80,75,73,49

这套服装中的外套和长裤由羊毛面料制成，质地柔软，穿着舒适，保暖性较强，不易损坏褶皱。长裤和外套版型宽松，穿着后不会带来紧绷、束缚的感觉，是秋冬衣物的上佳选择。

CMYK: 13,21,27,0
CMYK: 37,42,13,0
CMYK: 4,12,16,0

色彩点评

- 紫色优雅浪漫，外套采用较浅的紫色，使服装更加清新、柔和。
- 服装整体纯度适中，给人柔和、自然、舒适的视觉感受。
- 紫色与米色搭配在一起，色彩对比较弱，视觉刺激较小，使服装极具柔和、雅致的韵味。

推荐色彩搭配

C: 82	C: 74	C: 28	C: 39
M: 42	M: 13	M: 55	M: 100
Y: 14	Y: 63	Y: 89	Y: 98
K: 0	K: 0	K: 0	K: 5

C: 100	C: 75	C: 85
M: 100	M: 28	M: 40
Y: 57	Y: 9	Y: 81
K: 35	K: 0	K: 2

C: 36	C: 17	C: 62
M: 33	M: 16	M: 78
Y: 48	Y: 20	Y: 72
K: 0	K: 0	K: 32

这件毛衣由羊毛面料制成，服装色彩饱和度较低，视觉刺激性较小，穿着后舒适保暖、质地柔软，不易褶皱，灯笼袖的设计使服装更具设计感。

CMYK: 3,6,11,0
CMYK: 32,33,37,0
CMYK: 64,67,69,21

色彩点评

- 服装的饱和度较低，给人柔和、自然的视觉感受。
- 米色柔和、干净，褐色成熟、沉稳，将这两种颜色搭配在一起，给人温馨、舒适、简约的感受。

推荐色彩搭配

C: 14	C: 70	C: 100	C: 7
M: 87	M: 35	M: 100	M: 13
Y: 49	Y: 53	Y: 60	Y: 11
K: 0	K: 0	K: 37	K: 0

C: 88	C: 16	C: 51
M: 65	M: 18	M: 100
Y: 69	Y: 17	Y: 99
K: 31	K: 0	K: 33

C: 22	C: 45	C: 58
M: 36	M: 96	M: 51
Y: 22	Y: 94	Y: 50
K: 0	K: 15	K: 0

4.2.4 丝绸

丝绸是由蚕丝或人造丝纯织或交织而成的织品的总称，根据结构、外观、加工工艺的不同，可分为纺、绉、绡、绫、罗、缎、绨、绸、锦、绢、纱、绒、葛、呢等类别。丝绸面料的优点非常多，包括柔软光滑、轻薄贴身、透气性强、散热性好、抗紫外线、色泽绚丽、面料流动感较强等优点。缺点是易生褶皱、不够结实、褪色较快，适用于制作真丝睡衣、高档礼服、吊带衫等服装。

色彩调性： 华丽、优雅、浪漫、绚丽、古典、高雅。

常用主题色：

CMYK:29,22,21,0　CMYK:100,92,2,0　CMYK:1,13,10,0　CMYK:6,37,17,0　CMYK:38,65,0,0　CMYK:84,42,62,1

常用色彩搭配

CMYK: 48,93,9,0
CMYK: 91,78,52,18

紫色搭配午夜蓝，明媚、艳丽的紫色搭配深邃、深沉的午夜蓝色，给人以庄重、典雅的感受。

CMYK: 13,11,9,0
CMYK: 0,0,1,0

淡灰色搭配白色，柔和自然的配色给人以自然、舒适的视觉感受。

CMYK: 7,34,25,0
CMYK: 15,91,46,0

柔美、优雅的桃色搭配浪漫、华丽的玫瑰红色，给人以绚丽、明媚的视觉感受。

CMYK: 88,55,97,27
CMYK: 29,25,20,0

暗橄榄绿搭配银灰色，深邃的绿色搭配内敛的灰色，可以展现出穿着者低调、高雅的气质。

配色速查

柔和	优雅	浪漫	复古

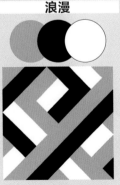
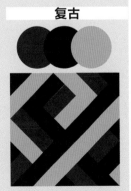

CMYK: 40,13,26,0
CMYK: 13,9,20,0

CMYK: 12,11,10,0
CMYK: 17,87,0,0

CMYK: 16,32,18,0
CMYK: 100,96,62,47
CMYK: 0,0,0,0

CMYK: 34,93,85,1
CMYK: 67,83,63,31
CMYK: 6,21,88,0

这款长裙由丝绸面料制成，整体轻盈飘逸，质地柔软光滑，具有良好的透气性和散热性，穿着后清凉舒适。丝绸面料光滑、色泽亮丽，可以给人留下华丽、优雅的深刻印象。

CMYK: 31,29,17,0

色彩点评

■ 服装整体的色彩明度适中，面料带有光泽感与流动感，给人以华丽、舒适的视觉感受。

■ 灰色内敛、低调，服装整体采用灰色，给人端庄、优雅、大气的感受。

推荐色彩搭配

C: 84	C: 100	C: 14
M: 64	M: 100	M: 7
Y: 0	Y: 55	Y: 5
K: 0	K: 30	K: 0

C: 7	C: 53	C: 16
M: 36	M: 95	M: 19
Y: 17	Y: 71	Y: 23
K: 0	K: 22	K: 0

C: 58	C: 12
M: 96	M: 9
Y: 79	Y: 9
K: 45	K: 0

这套服装将丝绸吊带裙和羊绒外套搭配在一起，丝绸质地柔软，带有一定的光泽感与流动感，使服装更具华贵、典雅的气息，搭配羊绒外套，为服装增添了些许温馨和自然感，使服装更加低调、内敛、优雅。

CMYK: 84,65,64,24
CMYK: 42,53,58,0

色彩点评

■ 服装整体的色彩明度较低，呈现出大气、低调的视觉效果。

■ 服装以深青色为主色、驼色为辅助色进行搭配，深青色大气、优雅，驼色温暖、成熟，搭配在一起更显成熟、优雅。

推荐色彩搭配

C: 9	C: 55	C: 85
M: 27	M: 98	M: 81
Y: 0	Y: 31	Y: 79
K: 0	K: 0	K: 67

C: 53	C: 13	C: 0
M: 39	M: 31	M: 5
Y: 43	Y: 29	Y: 11
K: 0	K: 0	K: 0

C: 23	C: 4	C: 9
M: 28	M: 7	M: 25
Y: 3	Y: 4	Y: 46
K: 0	K: 0	K: 0

4.2.5 棉麻

　　棉麻是指以棉和麻为原材料而制成的纺织品。棉麻面料的制作过程天然健康，对人体无害。优点是质地柔软、透气吸汗、不刺激皮肤、贴身舒适、不易卷边、不易掉色，还可以起到按摩身体的作用。缺点是不抗皱，棉麻面料质地较硬，摩擦皮肤，手感较为粗糙，染色后色调较暗，与其他面料相比光泽度较差，可用于制作春夏衬衫、连衣裙、外套等。

色彩调性： 自然、柔和、朴素、文静、和谐、平和。

常用主题色：

CMYK:11,25,40,0　　CMYK:51,67,76,9　　CMYK:73,51,37,0　　CMYK:51,53,97,3　　CMYK:61,62,27,0　　CMYK:41,33,31,0

常用色彩搭配

CMYK: 62,36,47,0 CMYK: 32,25,22,0	CMYK: 21,14,14,0 CMYK: 60,82,96,45	CMYK: 22,35,41,0 CMYK: 22,40,75,0	CMYK: 49,46,25,0 CMYK: 2,16,24,0
军蓝色搭配灰色，军蓝色稳重、沉着，灰色则柔和、朴素，搭配在一起给人自然、柔的视觉感受。	浅灰绿搭配巧克力色，巧克力色庄重、成熟，搭配自然的浅灰绿色，使服装风格更加柔和、沉静。	茶色搭配暗金黄色使服装呈暖色调，给人温暖、安静的感受。	浅灰紫色搭配米色，两种颜色纯度较低，综合运用，可以给人留下优雅、温柔的印象。

配色速查

大方	文静	和谐	朴素

CMYK: 4,10,6,0 CMYK: 54,38,27,0 CMYK: 54,85,63,14	CMYK: 18,22,16,0 CMYK: 0,0,0,0 CMYK: 91,87,85,76	CMYK: 7,13,18,0 CMYK: 38,91,89,4	CMYK: 17,13,11,0 CMYK: 0,0,0,0 CMYK: 76,65,50,7

棉麻面料透气性强，不刺激皮肤。这件棉麻混纺连衣裙色泽较为暗淡，给人柔和、自然的视觉感受。穿着舒适、吸汗透气，由于棉麻面料质地较硬，因此不易卷边变形，较容易打理。

- 服装饱和度适中，视觉刺激感较弱，给人自然、柔和的视觉感受。
- 服装以灰蓝色为主色，白色为辅助色，蓝色与白色的搭配使服装更具清爽与柔和的气息。
- 棕色作为点缀色增强了服装的层次感，使服装更具视觉吸引力。

CMYK: 85,71,31,0
CMYK: 1,8,6,0
CMYK: 51,59,52,0

推荐色彩搭配

C: 69	C: 16	C: 13	C: 73
M: 68	M: 20	M: 9	M: 71
Y: 0	Y: 81	Y: 20	Y: 67
K: 0	K: 0	K: 0	K: 32

C: 51	C: 0	C: 36
M: 62	M: 0	M: 63
Y: 43	Y: 0	Y: 61
K: 0	K: 0	K: 0

C: 7	C: 75	C: 90
M: 9	M: 69	M: 87
Y: 7	Y: 62	Y: 83
K: 0	K: 22	K: 75

这套西装由棉麻面料制成，色泽自然、柔和、舒适。由于棉麻面料质地较硬，因此不易卷边，棉麻透气性较好，适宜制作春夏服饰，给人舒适、清爽的感受。休闲的款式可使穿着者更加青春、活力、年轻。

- 服装整体的色彩明度适中，给人柔和、亲切的感受。
- 米色柔和、雅致，西装整体使用米色，给人自然、舒适的视觉感受。

CMYK: 5,4,3,0
CMYK: 9,10,14,0

推荐色彩搭配

C: 73	C: 0	C: 44
M: 62	M: 0	M: 85
Y: 87	Y: 0	Y: 100
K: 31	K: 0	K: 11

C: 13	C: 87	C: 24
M: 18	M: 85	M: 93
Y: 10	Y: 73	Y: 82
K: 0	K: 62	K: 0

C: 39	C: 1
M: 67	M: 2
Y: 87	Y: 12
K: 1	K: 0

4.2.6 呢绒

呢绒是指各种以羊毛、羊绒为原料，或是加入其他纤维混纺织成的织物的泛称，属于毛织物，通常用来制作礼服、西装、大衣等较为正式、高档的服装。呢绒面料的优点是弹性和抗皱性较好、手感柔软、版型挺括、保暖性较强；缺点是洗涤困难，易起球、不可贴身穿着、不适用于制作夏装。

色彩调性：高贵、温暖、气质、典雅、华丽、庄重。

常用主题色：

CMYK:30,23,22,0　CMYK:11,25,40,0　CMYK:100,97,39,0　CMYK:85,53,100,21　CMYK:62,78,100,45　CMYK:1,13,10,0

常用色彩搭配

CMYK: 83,77,93,68
CMYK: 68,51,34,0

黑色搭配灰石色，庄重、深沉的黑色搭配深邃、稳重的灰石色，给人以成熟、厚重的感觉，是适宜作为秋冬服饰的颜色。

CMYK: 0,0,1,0
CMYK: 53,93,100,37

白色搭配栗色，白色明度较高，给人纯净、简洁的感觉，搭配温暖的栗色使服装整体色调偏暖，给人踏实、温暖的感觉。

CMYK: 96,85,51,19
CMYK: 22,16,17,0

午夜蓝搭配灰色，午夜蓝深邃、理智，搭配柔和、平和的灰色，可以展现出穿着者睿智、大方、成熟的气质。

CMYK: 83,77,93,68
CMYK: 44,56,63,0

黑色搭配褐色，作为冬季服饰，黑色与褐色的搭配可使服装呈现出一种坚实、厚重的质感，给人温暖、可靠的感受。

配色速查

庄重	气质	典雅	成熟
		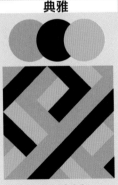	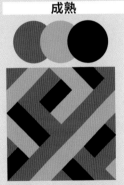
CMYK: 64,74,73,31 CMYK: 86,83,48,13 CMYK: 35,18,0,0	CMYK: 49,100,91,24 CMYK: 89,84,85,75 CMYK: 5,5,5,0	CMYK: 24,32,0,0 CMYK: 59,100,70,40 CMYK: 16,18,36,0	CMYK: 47,56,66,1 CMYK: 30,23,22,0 CMYK: 91,86,85,76

这件呢大衣以羊绒为原料制成，穿着舒适、保暖。羊绒面料的弹性与抗皱性较好，版型挺括，不易变形。长款大衣不仅使服装更加保暖，还可以展现穿着者潇洒的风度和优雅的气质。

CMYK: 28,45,91,0
CMYK: 11,12,11,0

色彩点评

■ 服装色彩纯度较高，色泽亮丽，视觉冲击力较强。

■ 米色柔和、自然，明亮的黄色搭配米色，减轻了鲜亮颜色带来的视觉刺激感，使服装具备较强的视觉冲击力的同时，不会带来过多刺激感。

■ 黄色华丽、耀眼，搭配柔和自然的米色，使服装更显优雅、大气。

推荐色彩搭配

C: 71	C: 24	C: 68	C: 87	C: 78	C: 65	C: 99	C: 36	C: 22	C: 56
M: 48	M: 17	M: 82	M: 84	M: 35	M: 19	M: 91	M: 84	M: 36	M: 70
Y: 24	Y: 18	Y: 62	Y: 71	Y: 27	Y: 9	Y: 48	Y: 100	Y: 51	Y: 69
K: 0	K: 0	K: 29	K: 59	K: 0	K: 0	K: 16	K: 2	K: 0	K: 15

这件外套由长毛绒制成，手感柔软，保暖性和弹性较好，穿着舒适。而其绒面丰满，富有光泽感，具有华贵、大气的特点。服装面料质地厚重、柔软，因此洗涤和保养较为困难。

CMYK: 40,100,99,6

色彩点评

■ 服装整体的色彩纯度较高，色彩鲜艳、浓烈，视觉冲击力较强。

■ 红色热烈、华丽，服装整体采用红色，更显华丽、高贵。

推荐色彩搭配

C: 38	C: 82	C: 55	C: 12	C: 3	C: 44	C: 31	C: 43	C: 89	C: 36
M: 34	M: 81	M: 76	M: 26	M: 12	M: 100	M: 34	M: 41	M: 87	M: 100
Y: 27	Y: 74	Y: 100	Y: 67	Y: 14	Y: 100	Y: 41	Y: 27	Y: 84	Y: 100
K: 0	K: 58	K: 29	K: 0	K: 0	K: 12	K: 0	K: 0	K: 75	K: 2

4.2.7 皮革

　　皮革包括真皮、再生皮和人造革。真皮具有皮质柔软、轻盈保暖、透气性强、纹理自然、不易掉色的优点。再生皮是将动物皮的废料粉碎后同其他原料混合制成，价格便宜，但面料质地厚重，弹性、强度较差。人造革生产成本较低，常用来代替部分真皮面料使用，具有色彩多样、防水性强、利用率高的优点；缺点是透气性差，从外观来看纹理不如真皮自然。

色彩调性： 成熟、优雅、气质、英气、硬朗、神秘。

常用主题色：

CMYK:53,85,100,33　CMYK:87,83,83,73　CMYK:48,100,99,22　CMYK:82,51,100,15　CMYK:100,92,2,0　CMYK:45,50,59,0

常用色彩搭配

CMYK：47,54,89,2
CMYK：83,77,93,68

成熟、沉静的咖啡色搭配深邃、经典的黑色，给人成熟、优雅的感受。

CMYK：82,63,13,0
CMYK：40,20,41,0

皇室蓝搭配暗海绿色，服装整体色彩较为醒目，总体更显清爽、活跃，结合皮革的质感，给人以时尚、个性的感受。

CMYK：46,99,99,17
CMYK：24,31,30,0

棕红色搭配灰粉色，棕红色是较为成熟、干练的颜色，搭配温柔、自然的灰粉色，可以展现出女性优雅、干练、大方的气质。

CMYK：89,57,74,23
CMYK：6,4,34,0

铬绿色搭配柠檬绸色，柠檬绸色较为明亮、醒目，搭配老练、成熟的铬绿色，为服装增添了少许清新、活力的韵味。

配色速查

成熟

CMYK：53,85,100,33
CMYK：78,70,67,33
CMYK：33,29,31,0

时尚

CMYK：71,48,71,5
CMYK：56,26,1,0
CMYK：4,7,47,0

优雅

CMYK：85,82,73,60
CMYK：20,39,0,0

简约

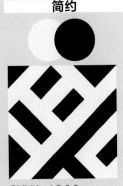

CMYK：4,3,0,0
CMYK：86,81,81,68

这套服装由皮革半身裙和棉麻衬衫搭配而成，皮革质地柔软，纹理自然，给人愉悦、舒适的视觉感受。由于真皮材质透气性较好，贴身穿着后也不会闷热。又由于其版型较为修身，较好地勾勒出了身体线条，展现女性迷人、优雅的气质。

CMYK: 47,69,69,4
CMYK: 1,17,21,0
CMYK: 90,86,56,29

色彩点评

- 由于棕色成熟、大气，因此棕色的皮质半身裙更加优雅、成熟。
- 墨蓝色沉稳、深沉，搭配成熟的棕色使穿着者更具成熟、稳重的气质。
- 服装以棕色为主色，黑色为辅助色，整体色彩明度较低，给人深沉、庄重的视觉感受。

推荐色彩搭配

C: 74	C: 0	C: 83	C: 61	C: 14	C: 84	C: 100	C: 10	C: 39
M: 61	M: 2	M: 82	M: 82	M: 10	M: 78	M: 100	M: 7	M: 77
Y: 85	Y: 0	Y: 76	Y: 73	Y: 11	Y: 72	Y: 47	Y: 18	Y: 100
K: 30	K: 0	K: 63	K: 36	K: 0	K: 53	K: 6	K: 0	K: 4

皮革是一种适合制作男装的面料，可以很好地展现男性硬朗、阳刚的一面。这件皮质夹克版型挺括，突出了男性肩部的线条，展现出男性挺拔、高挑的身材特点。搭配黑色长裤，帅气、利落，气场感十足。

CMYK: 56,91,79,36
CMYK: 93,88,89,80
CMYK: 90,82,50,16

色彩点评

- 服装整体色彩明度较低，色彩的距离感较强，给人强硬、帅气的视觉感受。
- 酒红色成熟、沉稳，搭配黑色使服装更加有型，给人留下帅气、利落的印象。

推荐色彩搭配

C: 10	C: 91	C: 36	C: 57	C: 50	C: 75	C: 72	C: 9	C: 92
M: 11	M: 85	M: 100	M: 62	M: 87	M: 53	M: 43	M: 8	M: 87
Y: 9	Y: 71	Y: 100	Y: 100	Y: 100	Y: 38	Y: 24	Y: 14	Y: 87
K: 0	K: 59	K: 3	K: 15	K: 24	K: 0	K: 0	K: 0	K: 78

4.2.8 薄纱

薄纱是指轻薄的纱制品或透明织物。这种织物质地轻薄通透，由其制成的服装具有较强的层次感和通透感，因而更具美感。薄纱面料吸湿透气、柔软轻薄、穿着舒适、色彩亮丽、轻盈透明，具有优雅、浪漫、神秘的特点，多用来制作各种夏季女装、礼服、裙装；缺点是易钩丝，不能暴晒。

色彩调性： 梦幻、优雅、端庄、柔美、浪漫、清新。

常用主题色：

| CMYK:13,10,10,0 | CMYK:26,4,2,0 | CMYK:22,34,0,0 | CMYK:0,0,0,0 | CMYK:3,32,13,0 | CMYK:33,0,28,0 |

常用色彩搭配

CMYK: 27,21,12,0
CMYK: 4,22,17,0

温柔、自然的浅灰紫色搭配柔美、优雅的桃色，使穿着者更显优雅与浪漫的韵味。

CMYK: 37,7,3,0
CMYK: 0,0,0,0

浅蓝色搭配白色，蓝色纯净、清爽，搭配纯净、圣洁的白色，给人以清新、干净的感受。

CMYK: 49,7,22,0
CMYK: 30,46,0,0

青色搭配丁香紫色，这两种颜色对比鲜明，视觉冲击力较强，给人留下优雅、端庄的深刻印象。

CMYK: 2,16,24,0
CMYK: 1,48,3,0

奶黄搭配浅粉红，奶黄色温馨、柔和，粉红色甜美、可爱，搭配在一起更加青春、清新、活泼。

配色速查

柔和	甜美	清新	端庄

CMYK: 57,49,48,0 CMYK: 5,5,13,0	CMYK: 20,42,0,0 CMYK: 11,7,8,0	CMYK: 20,5,14,0 CMYK: 42,5,35,0 CMYK: 69,21,42,0	CMYK: 43,24,27,0 CMYK: 4,23,23,0

这件礼服质地轻薄透明、垂感较好，微微的透明效果在朦胧间展现出身体线条，更显女性优雅、迷人的气质。薄纱面料柔软清透、色泽自然，使服装更加优雅，富有仙气。

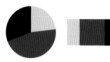

CMYK: 7,14,10,0
CMYK: 84,75,34,0
CMYK: 66,92,78,57

色彩点评

■ 服装整体色彩明度适中，给人柔和、内敛、自然的视觉感受。

■ 服装以蓝紫色为主色，酒红色为辅助色，两种颜色纯度较高，对比鲜明，视觉刺激感较强。

■ 服装外围薄纱与肤色接近，减弱了红蓝两色的对立感，使服装的色彩更加柔和，为服装增添了一丝朦胧感。

推荐色彩搭配

C: 18	C: 10	C: 38	C: 75
M: 0	M: 31	M: 60	M: 69
Y: 19	Y: 0	Y: 12	Y: 26
K: 0	K: 0	K: 0	K: 0

C: 2	C: 78	C: 10
M: 19	M: 73	M: 48
Y: 10	Y: 40	Y: 26
K: 0	K: 3	K: 0

C: 5	C: 7	C: 44
M: 11	M: 24	M: 67
Y: 12	Y: 26	Y: 97
K: 0	K: 0	K: 5

这件礼服内里由软缎制成，外围清透的薄纱使服装更加梦幻、飘逸，给人仙气十足、唯美的感受。薄纱柔软轻薄、轻盈透明，刺绣图案增强了服装的立体感和艺术感，使服装更具视觉吸引力。

CMYK: 36,7,2,0
CMYK: 11,11,4,0

色彩点评

■ 蓝色属于冷色调，服装整体呈蓝色，更显清冷、梦幻。

■ 刺绣图案为白色，白色与蓝色搭配后，蓝色更加柔和，使服装整体色彩更加温柔，给人优雅、柔美的感受。

推荐色彩搭配

C: 36	C: 60	C: 5
M: 9	M: 62	M: 1
Y: 0	Y: 0	Y: 0
K: 0	K: 0	K: 0

C: 28	C: 4
M: 15	M: 13
Y: 3	Y: 16
K: 0	K: 0

C: 10	C: 8	C: 39
M: 29	M: 34	M: 16
Y: 42	Y: 20	Y: 10
K: 0	K: 0	K: 0

4.2.9　麻织

　　麻织物是由苎麻、亚麻、罗布麻和其他种类的麻纤维纺织而成的织物，其具有韧性强、轻薄透气、吸湿吸热、不易受潮发霉、不易褪色的特点，多用来制作夏装，穿着舒适、凉爽吸汗、挺括有型；缺点是整齐度差，服装表面较为粗糙。

色彩调性：舒适、自然、温柔、朴素、平静、简约。

常用主题色：

CMYK:21,13,33,0　　CMYK:0,0,0,0　　CMYK:69,67,71,26　　CMYK:45,39,51,0　　CMYK:4,11,20,0　　CMYK:7,22,10,0

常用色彩搭配

CMYK: 31,30,42,0 CMYK: 0,0,0,0	CMYK: 40,28,15,0 CMYK: 87,66,9,0	CMYK: 41,45,69,0 CMYK: 63,75,100,45	CMYK: 83,77,93,68 CMYK: 42,44,41,0
浅茶色搭配白色，柔和、自然的浅茶色搭配纯净的白色，给人舒适、简约的视觉感受。	灰蓝色搭配蔚蓝色，两种颜色色相相近，和谐、自然。蓝色冷静、沉着，使服装整体更加大方、沉静。	茶色搭配重褐色，两种颜色明度较低，给人深沉、成熟的视觉感受。	黑色搭配灰棕色，黑色深邃、庄重，搭配朴素、平静的灰棕色，更显成熟、大方、稳重。

配色速查

朴素	清新	和谐	简约

CMYK: 37,40,38,0 CMYK: 62,55,42,0 CMYK: 47,100,99,19	CMYK: 41,15,26,0 CMYK: 0,25,6,0	CMYK: 4,15,0,0 CMYK: 16,12,11,0 CMYK: 60,41,36,0	CMYK: 51,40,11,0 CMYK: 0,0,0,0 CMYK: 16,12,11,0

这件连衣裙由亚麻面料制成，穿着舒适透气、凉爽吸汗。亚麻面料韧性较强，服装不易变形，易于保管。服装衣领处绣有碎花图案，增强了服装的活泼感，给人自然、大方的感受。

CMYK: 42,100,99,8
CMYK: 3,5,4,0

色彩点评

- 服装整体呈红色，色彩纯度较高，视觉刺激感较强，可给人留下深刻的印象。
- 红色热情、活跃，服装大面积使用红色，更显华丽，并使穿着者给人留下自信、大胆、热情的印象。
- 白色衣领上的碎花图案清新、自然，为穿着者增添了些许青春与活力感。

推荐色彩搭配

C: 27	C: 12	C: 46	C: 75
M: 36	M: 33	M: 100	M: 75
Y: 32	Y: 48	Y: 87	Y: 75
K: 0	K: 0	K: 16	K: 49

C: 8	C: 17	C: 61
M: 9	M: 29	M: 83
Y: 12	Y: 39	Y: 98
K: 0	K: 0	K: 50

C: 16	C: 4	C: 35
M: 40	M: 29	M: 80
Y: 48	Y: 86	Y: 91
K: 0	K: 0	K: 1

这套西装款式偏向休闲风格，穿着舒适，修身的同时不会带来束缚感。棉麻面料透气性较强、吸湿吸热，穿着后不会闷热，适宜作为春夏服装穿着。

CMYK: 9,9,12,0
CMYK: 13,22,35,0

色彩点评

- 服装整体的色彩明度和纯度适中，不会给人带来较强的视觉刺激感，给人柔和、舒适、自然的视觉感受。
- 服装使用米白色，整体呈暖色调，可以给人留下柔和、优雅、内敛的印象。
- 米黄色针织衫搭配米白色西装，两种颜色对比较弱，色彩搭配较为和谐。

推荐色彩搭配

C: 8	C: 40
M: 7	M: 48
Y: 14	Y: 65
K: 0	K: 0

C: 50	C: 89
M: 40	M: 85
Y: 17	Y: 76
K: 0	K: 67

C: 40	C: 0	C: 71
M: 98	M: 0	M: 56
Y: 87	Y: 0	Y: 70
K: 6	K: 0	K: 12

4.2.10　牛仔

　　牛仔布又称丹宁布，学名为粗支纱斜纹棉布，是以纯棉靛蓝染色的经纱与本色纬纱交织而成的织物。牛仔布质地紧密厚实、穿着舒适、织纹清晰、缩水率小、色泽鲜艳，多用于制作牛仔裤、牛仔上装、牛仔背心、牛仔裙装等。

色彩调性：活力、潮流、运动、愉悦、青春、年轻。

常用主题色：

CMYK:98,85,53,24　CMYK:82,51,29,0　CMYK:27,5,1,0　CMYK:46,35,9,0　CMYK:0,0,0,0　CMYK:90,87,83,75

常用色彩搭配

CMYK: 53,43,8,0
CMYK: 87,66,9,0

蓝紫色搭配群青色，服装整体色彩呈冷色调，给人冷静、稳重的感受。

CMYK: 63,22,0,0
CMYK: 0,0,1,0

蓝色搭配白色，柔和的白色冲淡了蓝色的冷感和距离感，使服装更加清爽、利落，充满青春活力。

CMYK: 0,36,32,0
CMYK: 50,40,31,0

桃色搭配蓝灰色，桃色优雅、柔美，搭配内敛、低沉的蓝灰色，使服装更加大气、沉静。

CMYK: 1,61,63,0
CMYK: 75,43,24,0

珊瑚色搭配青蓝色，两种颜色纯度较高，对比强烈，视觉冲击力较强，给人活跃、开朗的感受。

配色速查

沉着　　　个性　　　潮流　　　随和

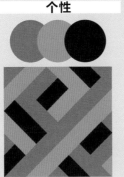 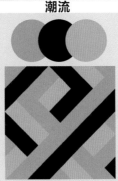 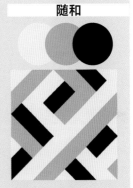

CMYK: 86,79,56,26
CMYK: 49,26,2,0
CMYK: 87,65,21,0

CMYK: 31,45,0,0
CMYK: 50,15,0,0
CMYK: 86,73,44,6

CMYK: 9,34,22,0
CMYK: 87,78,56,25
CMYK: 17,20,33,0

CMYK: 4,5,3,0
CMYK: 35,15,11,0
CMYK: 85,74,59,27

这套搭配是由印花衬衫、牛仔短裤、棉麻长裤和长靴混搭组成的，具有独特、个性的特点。牛仔短裤叠穿长裤，展现出独特的风格。印花衬衫可以更好地吸引视线，增强了服装的视觉冲击力，给人留下个性、时尚的深刻印象。

CMYK: 84,72,42,4
CMYK: 96,93,58,39
CMYK: 37,37,3,0
CMYK: 52,17,6,0

■ 服装整体呈冷色调，给人冷静、不易接近的感受。

■ 深蓝色沉稳、大气，深蓝色长裤搭配蓝色牛仔裤则使服装更加时尚，充满朝气。

推荐色彩搭配

C: 98	C: 9	C: 58	C: 5	C: 27	C: 21	C: 97	C: 27	C: 15	C: 61	C: 1
M: 85	M: 9	M: 14	M: 23	M: 17	M: 64	M: 93	M: 35	M: 35	M: 43	M: 8
Y: 53	Y: 11	Y: 39	Y: 51	Y: 13	Y: 48	Y: 58	Y: 49	Y: 0	Y: 18	Y: 2
K: 24	K: 0	K: 0	K: 0	K: 0	K: 0	K: 40	K: 0	K: 0	K: 0	K: 0

这件牛仔外套尺寸较长，穿着后给人潇洒、个性的感觉。服装上的补丁与刺绣图案增强了服装的叛逆感和辨识度，极具视觉冲击力。面料紧密厚实，易于保管。

CMYK: 89,79,35,1
CMYK: 44,26,20,0

■ 服装图案呈现出拼贴的效果，色彩纯度不同，增强了服装的层次感，使服装更具视觉吸引力。

■ 刺绣图案使用了粉色、黄色和白色，丰富了服装的色彩，增强了服装的艺术性。

推荐色彩搭配

C: 62	C: 76	C: 25	C: 47	C: 40	C: 75	C: 33	C: 89	C: 6
M: 38	M: 58	M: 18	M: 73	M: 94	M: 59	M: 20	M: 82	M: 30
Y: 67	Y: 42	Y: 27	Y: 100	Y: 95	Y: 36	Y: 16	Y: 38	Y: 70
K: 0	K: 0	K: 0	K: 11	K: 6	K: 0	K: 0	K: 3	K: 0

第5章

常见服装风格

　　服装设计既能展现出设计师的创意构思，也可以展现出一个时代的特色。随着时代的发展，材料、技术的更新以及人们审美观的变化，促使服装的款式更加多样化，形成不同的风格。

　　常见的服装风格包括街头风、仙女风、中性风、少女风、度假风、未来主义风、极简主义风、休闲办公风、波西米亚风、优雅浪漫风、自然田园风、民俗风、摩登复古风、牛仔风、居家风、学院风、欧美风和嘻哈风等。

5.1 街头风

　　街头风格的服装特点是自由、潮流、个性，因此，这类服装多是宽松的款式，但不会过于宽松。如宽松的牛仔外套，搭配头巾、帽子、鞋子以及金属饰品。这种风格的服装往往给人留下随性新潮、个性时尚、玩世不恭的印象。

色彩调性：潇洒、随性、潮流、个性、不羁、时尚。

常用主题色：

| CMYK: 87,83,83,73 | CMYK: 93,75,0,0 | CMYK: 19,100,100,0 | CMYK: 10,0,83,0 | CMYK: 0,0,0,0 | CMYK: 88,100,31,0 |

常用色彩搭配

| CMYK: 87,83,83,73
CMYK: 88,100,31,0 | CMYK: 87,83,83,73
CMYK: 0,0,0,0 | CMYK: 19,100,100,0
CMYK: 87,83,83,73 | CMYK: 24,98,29,0
CMYK: 81,78,0,0 |

| 黑色搭配靛青色，两种颜色的明度较低，给人神秘、独特的感觉。两种颜色纯度较高，可以给人留下深刻的印象。 | 黑色搭配白色，简洁大方，两种颜色对比鲜明，视觉冲击力较强，同时黑色较为深沉，可以给人留下帅气、有型的印象。 | 鲜红色搭配黑色，高纯度的红色搭配黑色，使红色更加醒目、活跃，给人张扬、个性的感觉。 | 洋红色搭配紫色，色彩纯度较高，两种颜色形成鲜明对比，极具视觉冲击力。 |

配色速查

运动	潮流	随性	活力

| CMYK: 9,76,56,0
CMYK: 67,16,69,0
CMYK: 94,100,38,4 | CMYK: 77,22,36,0
CMYK: 69,82,15,0
CMYK: 23,86,29,0 | CMYK: 30,94,86,0
CMYK: 86,82,82,70
CMYK: 69,82,15,0 | CMYK: 70,59,7,0
CMYK: 9,79,91,0
CMYK: 23,86,29,0 |

这套服装带有明显的街头风格，色彩对比鲜明，具有较强的视觉冲击力。上衣的叠穿展现出随性的态度，上衣处不对称的涂鸦使服装更加时尚新潮。宽松的长裤在活动时不会带来束缚感，穿着舒适、有型。这套服装体现出穿着者不羁、率性、追求潮流的生活态度。

CMYK: 56,74,0,0　CMYK: 0,0,0,0
CMYK: 7,7,87,0　CMYK: 41,2,6,0

色彩点评

■ 白色上衣与紫运动长裤进行搭配，整体色彩纯度较高，色彩鲜艳、醒目，蓝色的内搭长袖增强了服装的层次感，形成较强的视觉冲击力，极具个性与时尚感。

■ 黄色与紫色为互补色，色彩对比强烈，上衣中出现的少部分黄色与长裤的大面积紫色形成强烈对比，增强了服装的醒目效果，使服装更具视觉吸引力。

■ 紫色属于冷色，以白色作为辅助色，黄、粉两色作为点缀，减弱了大面积紫色带来的冷感，增强了服装的活跃性。

推荐色彩搭配

C: 19	C: 8	C: 60	C: 7	C: 65	C: 93	C: 31
M: 73	M: 4	M: 9	M: 0	M: 13	M: 100	M: 49
Y: 17	Y: 55	Y: 29	Y: 56	Y: 68	Y: 34	Y: 76
K: 0	K: 0	K: 0	K: 0	K: 0	K: 100	K: 0

这套搭配中，外套上的印花和T恤上大写的英文字母都是典型的街头风元素。印花的运用使外套更具设计感，并使观者的视线集中在身体上部分，更快地注意到英文字母。亮面的短裙在阳光下更加耀眼，增强了服装的视觉吸引力。

CMYK: 5,2,16,0　CMYK: 0,25,12,0
CMYK: 24,18,14,0　CMYK: 51,93,80,24

色彩点评

■ 服装整体的色彩明度较高，色彩的距离感较弱，具有热情、活跃的感受。

■ 服装使用了大面积的黄色与粉色，整体呈暖色调，给人留下朝气、青春洋溢的印象。

■ 灰色的T恤适当地减弱了服装的明度，使服装的色彩更具层次感，灰色具有后退的效果，突出了红色的字母，使之更加醒目。

推荐色彩搭配

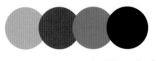 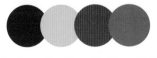 

C: 6	C: 26	C: 77	C: 89	C: 3	C: 19	C: 26	C: 61	C: 70	C: 9	C: 23	C: 75
M: 16	M: 69	M: 19	M: 87	M: 95	M: 0	M: 69	M: 40	M: 59	M: 79	M: 86	M: 8
Y: 86	Y: 7	Y: 63	Y: 86	Y: 100	Y: 51	Y: 7	Y: 6	Y: 7	Y: 91	Y: 29	Y: 82
K: 0	K: 0	K: 0	K: 77	K: 0	K: 0	K: 0	K: 0	K: 0	K: 0	K: 0	K: 0

5.2 仙女风

仙女风格的服装多呈现出梦幻、优雅、飘逸的特点，面料轻薄，使服装更加飘逸、出尘。仙女风的服装多是礼服、长裙，细节丰富，设计精致。设计师将各种自然界中的美丽事物呈现在服装中，如花瓣、星空、羽毛、光影等，给人梦幻、不食烟火的感受。

色彩调性： 妩媚、热恋、浪漫、抽象、优雅、成熟。

常用主题色：

CMYK: 22,0,13,0　CMYK: 3,13,22,0　CMYK: 0,0,0,0　CMYK: 18,29,13,0　CMYK: 4,41,22,0　CMYK: 32,6,7,0

常用色彩搭配

CMYK: 22,0,13,0
CMYK: 32,6,7,0

CMYK: 18,29,13,0
CMYK: 3,13,22,0

CMYK: 4,41,22,0
CMYK: 0,0,0,0

CMYK: 32,6,7,0
CMYK: 8,15,6,0

浅葱色搭配水晶蓝，两种颜色搭配使服装呈冷色调，给人清冷、端庄的感受。

藕荷色搭配米色，藕荷色给人优雅、高贵的感受，搭配米色，使服装更具柔和、典雅的气息。

白色代表纯净、神圣，给人圣洁、出尘的感受，搭配柔美的火鹤红色，可使服装更加秀丽。

水晶蓝搭配淡紫丁香，蓝色较为清冷，浅紫色使服装更加优雅，给人典雅、梦幻的感受。

配色速查

气质	秀丽	梦幻	柔美
	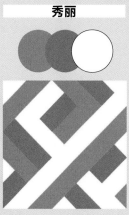		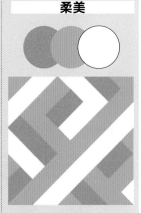
CMYK: 76,35,32,0 CMYK: 43,31,4,0 CMYK: 11,24,22,0	CMYK: 4,41,22,0 CMYK: 31,38,10,0 CMYK: 0,0,0,0	CMYK: 32,6,7,0 CMYK: 18,29,13,0 CMYK: 3,22,9,0	CMYK: 9,34,8,0 CMYK: 40,5,17,0 CMYK: 0,0,0,0

这款连衣裙面料轻薄、透气，具有一丝飘逸、梦幻的气息。大面积的花朵几乎铺满裙身，极具立体感与自然的气息，一字肩的造型更好地修饰了着装者肩部的线条，更好地展现出迷人的气质。

CMYK: 51,0,34,0
CMYK: 11,9,23,0
CMYK: 69,61,64,13

色彩点评

■ 服装整体呈青色调，端庄、清新、优雅。

■ 花朵与叶片采用不同的材料，呈现出不同的色彩，增强了服装的层次感，使服装更具视觉吸引力。

■ 服装整体色彩明度适中，给人柔和、雅致的视觉感受。

推荐色彩搭配

C: 22	C: 41	C: 52	C: 29	C: 25	C: 3	C: 4
M: 2	M: 0	M: 13	M: 5	M: 100	M: 38	M: 28
Y: 0	Y: 4	Y: 25	Y: 29	Y: 100	Y: 20	Y: 29
K: 0	K: 0	K: 0	K: 0	K: 0	K: 0	K: 0

这款礼服外罩网纱面料，使服装更加飘逸、充满仙气。一字肩设计可以修饰肩部和颈部线条，突出肩膀与锁骨，可以更好地展现身体线条。腰间的花边设计更好地装饰了服装，增强了服装的吸引力。

CMYK: 29,12,2,0

色彩点评

■ 服装整体呈浅蓝色，唯美、宁静、温柔。

■ 整体色彩的纯度和明度适中，给人柔和、舒适的视觉感受。

■ 浅蓝色清新、温柔，视觉效果较为柔和，可以给人留下温柔、梦幻的印象。

推荐色彩搭配

C: 10	C: 47	C: 59	C: 85	C: 6	C: 16	C: 18	C: 39	C: 43	C: 31	C: 11	C: 76
M: 13	M: 24	M: 12	M: 52	M: 18	M: 26	M: 33	M: 38	M: 31	M: 38	M: 24	M: 35
Y: 5	Y: 4	Y: 30	Y: 15	Y: 8	Y: 13	Y: 10	Y: 11	Y: 4	Y: 10	Y: 22	Y: 32
K: 0	K: 0	K: 0	K: 0	K: 0	K: 0	K: 0	K: 0	K: 0	K: 0	K: 0	K: 0

5.3　中性风

中性风格的服装不再呈现出明显的性别界限，既能更好地展现出女性帅气、成熟的一面，又能展现出男性温柔、活泼的一面。不过，多数中性风服饰是针对女性设计的。这类服装款式不会过于修身，款式简单、挺括有型。颜色则是棕色、灰色、黑色、深蓝色这些明度和纯度较低的颜色，整体显得稳重、利落、成熟。

色彩调性： 帅气、冷静、利落、大方、稳重、简单。

常用主题色：

CMYK:59,84,100,48　CMYK:67,59,56,6　CMYK:0,0,0,100　CMYK:36,53,71,0　CMYK:100,100,54,6　CMYK:31,48,100,0

常用色彩搭配

CMYK：36,53,71,0
CMYK：49,79,100,18
驼色搭配重褐色，低明度的配色使服装呈现出成熟、沉稳的特性，给人稳重、大方的感受。

CMYK：40,50,96,0
CMYK：93,88,89,80
卡其黄色搭配黑色，卡其黄温暖、低调，给人自然、舒适的视觉感受。搭配黑色使服装看起来较为厚重且温暖。

CMYK：67,59,56,6
CMYK：14,41,60,0
灰色搭配杏黄色，灰色相较黑色的沉稳而言更加柔和，给人温和、内敛的感觉，搭配杏黄色使服装给人大方、利落的感觉。

CMYK：100,100,54,6
CMYK：12,9,9,0
深蓝色沉稳、理性，亮灰色则柔和、优雅。两者搭配给人成熟、睿智、大方的感受。

配色速查

认真	稳重	冷静	成熟

CMYK：89,87,86,77
CMYK：69,54,29,0
CMYK：44,93,87,10

CMYK：44,56,94,1
CMYK：92,68,39,2
CMYK：99,97,52,26

CMYK：100,89,52,21
CMYK：40,24,22,0
CMYK：76,88,61,37

CMYK：64,80,85,49
CMYK：36,57,78,0
CMYK：77,62,39,1

　　这套服装的色彩搭配呈暖色调，整体明度较低，给人以稳重、成熟、大方的感受。棕黄色外套与咖啡色长裤打造出中性风格，男女皆可穿着，女性穿着会给人留下帅气、成熟的印象。

CMYK: 24,49,59,0
CMYK: 54,67,77,13
CMYK: 62,80,84,45

色彩点评

■ 服装整体明度较低，给人以沉稳、成熟的感受。

■ 棕色与咖啡色为同色系色彩，搭配后使服装整体色彩更加和谐、统一。

■ 服装中性风格明显，穿着后可以更好地展现出女性帅气的一面。

推荐色彩搭配

C: 100	C: 62	C: 31	C: 97	C: 29	C: 70	C: 62
M: 100	M: 80	M: 49	M: 80	M: 23	M: 62	M: 76
Y: 62	Y: 79	Y: 76	Y: 43	Y: 22	Y: 61	Y: 92
K: 34	K: 42	K: 0	K: 6	K: 0	K: 12	K: 42

　　中性风格追求利落大方，不带有更多装饰。简单的白色衬衫搭配黑色西装裤就可以使整体搭配呈现出简单、干练的中性风格。V形领的设计使颈部更加修长，很好地修饰了锁骨与颈部线条。

CMYK: 0,0,0,0
CMYK: 82,81,73,56

色彩点评

■ 经典的黑白搭配简洁、大方、低调、内敛。

■ 黑白两色作为无彩色，与肤色形成了鲜明的对比。

推荐色彩搭配

C: 78	C: 87	C: 87	C: 44	C: 57	C: 76	C: 27
M: 65	M: 84	M: 80	M: 84	M: 72	M: 80	M: 51
Y: 37	Y: 76	Y: 68	Y: 100	Y: 55	Y: 65	Y: 47
K: 0	K: 65	K: 48	K: 10	K: 6	K: 41	K: 0

5.4 少女风

少女风的服装可以展现出年轻女孩的甜美、可爱和俏皮，给人清新、活泼的视觉感受。服装颜色较明亮，如淡绿、粉红、柠檬黄、淡蓝色等，明亮的颜色使人心情愉悦，给人留下青春活力、年轻可爱的印象。

色彩调性： 甜美、清新、俏皮、活泼、年轻、可爱。

常用主题色：

CMYK: 7,60,24,0　　CMYK: 17,77,43,0　　CMYK: 18,29,0,0　　CMYK: 2,11,35,0　　CMYK: 36,0,17,0　　CMYK: 31,1,2,0

常用色彩搭配

CMYK: 7,60,24,0 CMYK: 8,15,6,0	CMYK: 15,22,0,0 CMYK: 64,38,0,0	CMYK: 36,0,17,0 CMYK: 2,11,35,0	CMYK: 1,15,11,0 CMYK: 17,77,43,0
浅玫瑰红搭配淡紫丁香。浅玫瑰红较为甜美、温柔，搭配优雅、柔和的淡紫丁香，给人温柔、甜美的感受。	淡紫搭配矢车菊蓝。蓝色饱和度较低，淡紫色优雅柔和，两种颜色视觉刺激性不强，给人清新、柔美的感受。	瓷青搭配奶黄色，色彩明度较高，给人活泼、青春的感觉。瓷青色清新自然，给人舒适、放松的视觉感受。	山茶红与浅玫瑰红相比，更加偏向于红色，更加活泼、热情。山茶红与浅粉红搭配，形成一定对比，更具视觉吸引力。

配色速查

清新	活泼	俏皮	甜美
		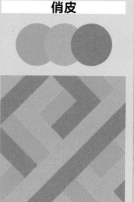	
CMYK: 28,21,5,0 CMYK: 14,7,19,0 CMYK: 31,3,18,0	CMYK: 42,4,17,0 CMYK: 11,22,22,0 CMYK: 5,4,42,0	CMYK: 42,3,31,0 CMYK: 1,25,13,0 CMYK: 8,38,9,0	CMYK: 10,40,19,0 CMYK: 4,11,31,0 CMYK: 9,69,34,0

少女风的服装多给人留下甜美、可爱的印象。这套服装采用紫色与蓝色两种色彩进行搭配，给人清新、可爱的感受。带有珠光的面料使浅紫色的衬衫在其他角度下会呈现出蓝色，丰富了服装的色彩。袖口处缝制的字母带有手写的感觉，使服装更具活泼感。

CMYK: 30,37,0,0　CMYK: 42,16,5,0
CMYK: 98,100,67,55

色彩点评

- 服装整体明度较高，给人活泼、清新的感受。
- 淡紫色的上衣与浅蓝色牛仔裤的搭配，使人更加青春、年轻、可爱。
- 紫色衬衫在其他角度呈现出的蓝色带有珠光感，丰富了服装色彩的同时，增强了服装的视觉吸引力。

推荐色彩搭配

C: 5	C: 4	C: 20	C: 5	C: 29	C: 52	C: 4
M: 2	M: 28	M: 30	M: 58	M: 5	M: 13	M: 28
Y: 37	Y: 29	Y: 10	Y: 14	Y: 29	Y: 25	Y: 29
K: 0	K: 0	K: 0	K: 0	K: 0	K: 0	K: 0

这款连衣裙由纯棉面料制成，穿着后舒适贴身，极具垂感。整体呈豆沙粉色，给人温柔、甜美的感觉。领口、肩部以及腰部的荷叶边使服装更加精致、柔美；袖口收紧，系带的蝴蝶结更显甜美、可爱。

CMYK: 20,49,31,0
CMYK: 45,98,76,11

色彩点评

- 服装整体呈豆沙粉色，给人温柔、甜美的感受。
- 连衣裙的颜色纯度较低，给人柔和的视觉感受。
- 裙身的波点使用纯度较高的粉色，与服装整体的豆沙色形成一定对比的同时，又保持了同一色相的和谐、自然。

推荐色彩搭配

C: 10	C: 12	C: 13	C: 7	C: 15	C: 0	C: 48	C: 24	C: 55
M: 53	M: 3	M: 37	M: 36	M: 76	M: 29	M: 36	M: 18	M: 0
Y: 53	Y: 56	Y: 8	Y: 31	Y: 36	Y: 14	Y: 0	Y: 0	Y: 13
K: 0	K: 0	K: 0	K: 0	K: 0	K: 0	K: 0	K: 0	K: 0

设计师的服装与服饰设计 色彩搭配手册

度假风的服饰多采用雪纺、亚麻、丝绸、纯棉等面料制作，面料轻薄舒适、透气性好，适合在炎热的夏日穿着。度假风不单要求美丽，还追求舒适、惬意的穿着感受。简单的度假风搭配是长裙、墨镜搭配宽檐草帽，遮阳的同时又极具吸引力。度假风的服装印有各种各样的印花，如碎花、树叶、椰树等，往往给人自然、舒适的视觉感受。

色彩调性： 轻松、惬意、舒适、清新、简约、慵懒。

常用主题色：

CMYK:58,0,44,0　CMYK:7,5,48,0　CMYK:6,56,94,0　CMYK:12,9,9,0　CMYK:11,45,31,0　CMYK:55,28,78,0

常用色彩搭配

CMYK: 8,80,91,0
CMYK: 0,0,0,0

橙色搭配白色，橙色属于暖色，活泼、明朗，可以让人联想到明媚的阳光，适合夏日的气氛。搭配白色使服装更加柔和、自然。

CMYK: 93,75,0,0
CMYK: 22,0,13,0

蓝色搭配浅葱色，浅葱色清新、自然；蓝色清凉、纯净，两者搭配给人清新、清爽的视觉感受。

CMYK: 5,51,42,0
CMYK: 14,23,36,0

鲑红搭配米色，两种颜色纯度较低，给人舒适、自然的视觉感受。低纯度的配色不会带来过多的刺激感，给人轻松、惬意的感受。

CMYK: 6,8,73,0
CMYK: 90,60,100,42

明度偏高的黄色搭配绿色，尽显自然的生机与活力，可以增强受众强烈的环保意识。

配色速查

惬意	清新	放松	热情

CMYK: 35,6,65,0 CMYK: 17,45,86,0 CMYK: 4,19,13,0	CMYK: 16,16,61,0 CMYK: 0,0,0,0 CMYK: 76,19,39,0	CMYK: 25,2,7,0 CMYK: 84,47,37,0 CMYK: 13,9,32,0	CMYK: 4,38,24,0 CMYK: 9,79,91,0 CMYK: 12,13,29,0

这件连衣裙呈现出自由慵懒的度假风格，宽松的印花长裙摆脱了日常工作的拘谨，营造出一种随性、自在的氛围，绿色树叶的印花为炎热的夏日带来清爽的感受。V形领和腰部的缩褶设计更好地修饰了身形。

CMYK: 2,2,3,0
CMYK: 82,30,62,0
CMYK: 21,77,91,0

■ 服装整体明度较高，给人活跃、开朗的感受。

■ 绿色清新、干净，给人舒适的视觉感受，搭配白色给人留下清新、自然、舒适的深刻印象。

■ 印花丰富了整体的色彩，增强了服装的视觉吸引力。

推荐色彩搭配

C: 49	C: 16
M: 27	M: 45
Y: 44	Y: 85
K: 0	K: 0

C: 35	C: 60
M: 8	M: 9
Y: 75	Y: 29
K: 0	K: 0

C: 14	C: 64	C: 29
M: 5	M: 16	M: 23
Y: 63	Y: 47	Y: 22
K: 0	K: 0	K: 0

这件男士衬衫呈现出轻松、惬意的度假风格。面料柔软，极具垂感，穿着后可以给人带来舒适的体验感。椰树、落日的印花可以使人联想到夏日温暖的沙滩与清凉的海水，增强了服装的视觉吸引力。

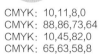

CMYK: 10,11,8,0
CMYK: 88,86,73,64
CMYK: 10,45,82,0
CMYK: 65,63,58,8

■ 服装整体纯度较低，给人柔和、自然的感受。

■ 灰色内敛、柔和，椰树图案使用深灰色与服装的浅灰色形成一定对比，又保持了较为统一的色彩。

■ 大面积的灰色过于单调。黄色作为点缀色丰富了服装整体色彩，增强了服装的层次感。

推荐色彩搭配

C: 89	C: 75
M: 58	M: 15
Y: 99	Y: 40
K: 36	K: 0

C: 6	C: 16	C: 75
M: 53	M: 65	M: 15
Y: 88	Y: 7	Y: 40
K: 0	K: 0	K: 0

C: 36	C: 24	C: 75	C: 8
M: 19	M: 43	M: 15	M: 20
Y: 96	Y: 4	Y: 40	Y: 87
K: 0	K: 0	K: 0	K: 0

5.6　未来主义

　　未来主义风格的服装体现出一种超出想象的未来感，通过特殊的视觉元素展现出与众不同的风格。未来主义主张反对传统，宣扬个性、年轻、科技、力量，通过金属光泽的面料、透明塑料、几何图形、特殊形状和智能感应装置来展现未来感。

色彩调性：金属、科技、抽象、颠覆、科幻、荧光。

常用主题色：

CMYK: 12,9,9,0　CMYK: 67,59,56,6　CMYK: 93,88,89,80　CMYK: 96,87,6,0　CMYK: 65,17,1,0　CMYK: 0,0,0,0

常用色彩搭配

CMYK: 67,59,56,6
CMYK: 0,0,0,0
灰色搭配白色，灰色虚无、朦胧，搭配白色使服装风格更加虚幻、抽象。

CMYK: 93,88,89,80
CMYK: 12,9,9,0
亮灰搭配黑色，黑色神秘、幽暗，搭配亮灰色给人带来强烈的神秘感。

CMYK: 50,13,3,0
CMYK: 96,87,6,0
宝石蓝搭配天青色，蓝色给人科技、科幻的感觉，这两种颜色搭配使服装更具层次感，增强了服装的吸引力。

CMYK: 80,50,0,0
CMYK: 0,0,0,0
白色明度极高，给人光明圣洁的感受，大面积的白色搭配蓝色使服装明度极高，光泽感较强。

配色速查

荧光	个性	全息	科幻

  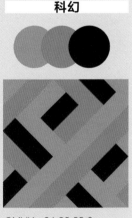

CMYK: 67,21,24,0
CMYK: 7,7,85,0
CMYK: 51,58,0,0

CMYK: 0,0,0,0
CMYK: 89,87,86,77
CMYK: 31,26,23,0

CMYK: 68,20,24,0
CMYK: 0,0,0,0
CMYK: 69,82,15,0

CMYK: 31,26,23,0
CMYK: 72,13,13,0
CMYK: 90,74,9,0

这款连衣裙采用发光面料制作
而成，在暗处会显现出银白色的电
子光，带有明显的未来感，极具视
觉冲击力。内搭的黑色连衣裙使外
罩的服装更加突出、醒目。修身的
设计贴合身体曲线，使服装版型更
加合身、有型。

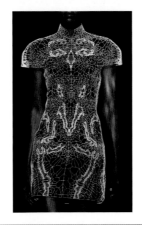

CMYK: 82,80,73,56
CMYK: 0,1,0,0

色彩点评

- 黑色内搭具有后退、凹进的效
果，使外罩服装更加突出、醒
目，给人留下深刻的印象。
- 银白色的发光面料极具科技感，
给人科幻、个性、炫目的感受。
- 银白色明度较高，极具视觉冲
击力。

推荐色彩搭配

C: 29	C: 0	C: 60	C: 29	C: 100	C: 39	C: 0
M: 23	M: 0	M: 9	M: 23	M: 93	M: 34	M: 0
Y: 22	Y: 0	Y: 29	Y: 22	Y: 25	Y: 36	Y: 0
K: 0	K: 0	K: 0	K: 0	K: 0	K: 0	K: 0

这套服装加入了塑料元素，呈
现出明显的未来主义风格，具有较
强的视觉吸引力。简约的白色打底
衫搭配深棕色半身裙，利落大方，
塑料材质的加入则使得服装更加个
性、新潮，可以给人留下新奇、个
性的深刻印象。

CMYK: 0,0,1,0
CMYK: 64,76,73,35
CMYK: 46,71,92,9

色彩点评

- 服装整体色彩明度较低，给人成
熟、大方的感受。
- 白色打底衫搭配深棕色半身裙，
色彩搭配和谐、自然，风衣边缘
采用褐色，增强了服装色彩的层
次感。
- 外套的塑料材质呈现出的透明色
使服装极具个性和时尚感。

推荐色彩搭配

C: 73	C: 92	C: 69	C: 0	C: 70	C: 33	C: 72	C: 76
M: 8	M: 73	M: 82	M: 0	M: 7	M: 19	M: 13	M: 80
Y: 32	Y: 10	Y: 15	Y: 0	Y: 22	Y: 12	Y: 13	Y: 65
K: 0	K: 0	K: 0	K: 0	K: 0	K: 0	K: 0	K: 41

极简主义风格的服装，其特点是简约、大方，在简单的搭配中体现精致。这类服装款式简单、没有过多装饰性饰品。在颜色搭配上，建议不超过三种颜色，且颜色不可太过鲜艳刺激。极简风格的服装多给人舒适、自然的视觉感受。如白色衬衫搭配驼色西装裤，更显简约清爽，大方利落。

色彩调性： 简约、舒适、大方、理性、精致、富有内涵。

常用主题色：

| CMYK:33,45,65,0 | CMYK:0,0,0,0 | CMYK:32,31,35,0 | CMYK:43,54,100,1 | CMYK:67,59,56,6 | CMYK:49,79,100,18 |

常用色彩搭配

CMYK: 67,59,56,6 CMYK: 14,23,36,0	CMYK: 100,100,54,6 CMYK: 12,9,9,0	CMYK: 31,48,100,0 CMYK: 59,84,100,48	CMYK: 14,23,36,0 CMYK: 49,79,100,18
灰色搭配米色，灰色温和、自然，米色温暖、柔和，这两种颜色的视觉刺激性较小，给人柔和、简单的感受。	深蓝色明度较低，视觉冲击力较小，沉稳、大方，灰色则温和、内敛，两者搭配更显大方、理性。	黄褐色搭配巧克力色，使服装呈暖色调，色彩明度较低，给人成熟、沉着的感受。	米色温柔、温馨，重褐色则成熟、大方，两者搭配给人温柔、沉稳、大气的感受。

配色速查

简约	柔和	舒适	温馨
			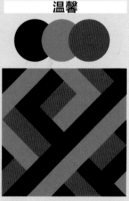
CMYK: 39,31,31,0 CMYK: 4,13,31,0 CMYK: 36,57,78,0	CMYK: 27,30,27,0 CMYK: 28,23,20,0 CMYK: 32,53,42,0	CMYK: 48,34,29,0 CMYK: 32,53,42,0 CMYK: 4,7,11,0	CMYK: 59,80,91,41 CMYK: 42,34,41,0 CMYK: 28,61,60,0

这套服装搭配呈现出明显的极简主义风格，色调简单，没有过多的装饰，给人以自然、舒适的视觉感受。针织衫柔软、合身，轻松展现出男性的肩部线条；西装裤样式简单、大方，给人得体、低调的感觉。

色彩点评

- 服装整体色彩纯度较低，给人大方、沉稳的感觉。
- 褐色的西装裤搭配浅灰色针织衫，色彩纯度较低，视觉冲击力较弱，给人柔和、简练的视觉感受。
- 褐色属于暖色，服装搭配给人留下理性、沉稳、大方的印象，也使穿着者更加亲切、温和。

CMYK: 61,66,67,14
CMYK: 15,15,13,0

推荐色彩搭配

C: 100	C: 4
M: 100	M: 24
Y: 62	Y: 31
K: 34	K: 0

C: 32	C: 67
M: 33	M: 78
Y: 51	Y: 82
K: 0	K: 51

C: 50	C: 2	C: 0
M: 41	M: 28	M: 0
Y: 31	Y: 37	Y: 0
K: 0	K: 0	K: 0

这套服装由白色背心和肉粉色高腰阔腿裤搭配而成，展现出随性、舒适的极简主义风格。高腰阔腿裤在视觉上提高了腰线的位置，拉长了身形，修饰了穿着者的身材比例。搭配白色背心，简单而不失时尚。

色彩点评

- 服装整体色彩明度较高，可以给人留下活泼、大方的印象。
- 粉色甜美、俏皮，白色与粉色的搭配使服装更具大方、优雅的格调。
- 白色与粉色使服装呈浅色调，给人带来轻松、惬意的视觉感受。

CMYK: 0,0,0,0
CMYK: 10,38,31,0

推荐色彩搭配

C: 0	C: 39
M: 0	M: 38
Y: 0	Y: 11
K: 0	K: 0

C: 33	C: 99
M: 18	M: 96
Y: 13	Y: 52
K: 0	K: 26

C: 60	C: 31	C: 78
M: 67	M: 41	M: 70
Y: 62	Y: 22	Y: 48
K: 11	K: 0	K: 7

休闲办公风格的服饰不同于职业装的郑重、正式，它更加随性、舒适、时尚。这类服装的款式与正装相比更加复杂、美观，具有干练、清爽的特点。如雪纺衬衣带有蝴蝶结或荷叶边的装饰，或是衬衫搭配蕾丝短裙等，使穿着者更加时尚、优雅。

色彩调性：简单、舒适、时尚、大方、清爽、成熟。

常用主题色：

CMYK: 14,23,36,0　　CMYK: 64,38,0,0　　CMYK: 33,41,4,0　　CMYK: 14,41,60,0　　CMYK: 17,77,43,0　　CMYK: 12,9,9,0

常用色彩搭配

CMYK: 61,36,30,0 CMYK: 12,9,9,0	CMYK: 1,15,11,0 CMYK: 61,78,0,0	CMYK: 90,60,100,42 CMYK: 14,23,36,0	CMYK: 30,65,39,0 CMYK: 93,88,89,80
青灰色搭配亮灰色，中纯度的色彩给人温柔、舒适的感觉，青灰色给人大方、优雅的感觉。	浅粉红搭配紫藤色，浅粉红柔美、少女，紫色优雅、浪漫，两者搭配使服装更加优雅、温柔。	墨绿搭配米色，米色给人温馨、舒适的感觉，墨绿色则更加深沉，给人成熟的感觉，两种颜色组合在一起，给人成熟、自然的感受。	灰玫红色搭配黑色，灰玫红色柔美、温和，黑色则更加大方、沉着，组合在一起给人成熟、时尚的视觉感受。

配色速查

优雅	动人	时尚	典雅

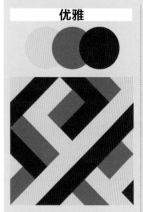   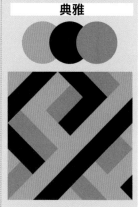

CMYK: 8,8,13,0 CMYK: 48,34,29,0 CMYK: 17,75,51,0	CMYK: 0,29,3,0 CMYK: 37,88,51,0 CMYK: 25,10,9,0	CMYK: 24,70,29,0 CMYK: 86,82,82,70 CMYK: 0,0,0,0	CMYK: 29,17,0,0 CMYK: 69,73,37,0 CMYK: 0,42,37,0

这套服装将亚麻衬衫和蕾丝短裙搭配在一起，呈现出简单、时尚、大方的通勤风格。衬衫款式简单、大方，袖口的绑带作为装饰增强了服装的时髦度，蕾丝短裙上的花朵营造出镂空效果，为服装增添了一丝柔美与浪漫气息，使服装更具视觉吸引力。

色彩点评

- 紫色浪漫、优雅，而紫色的衬衫则给人大方、优雅的感受。
- 白色纯净、大方，搭配紫色上衣，使服装的色彩更加柔和、自然，使人更加大方、干练。
- 短裙上的镂空花朵同样采用白色，保持了色彩和谐的同时，增强了服装的设计感。

CMYK: 42,49,25,0
CMYK: 0,0,0,0

推荐色彩搭配

C: 0	C: 90	C: 1	C: 57	C: 4	C: 1	C: 0
M: 0	M: 85	M: 11	M: 34	M: 28	M: 11	M: 0
Y: 0	Y: 83	Y: 9	Y: 8	Y: 29	Y: 9	Y: 0
K: 0	K: 75	K: 0	K: 0	K: 0	K: 0	K: 0

实用通勤风格的女装多呈现出简练、大方的特点。这款针织连衣裙贴身裁剪，穿着后不显累赘，款式简单，没有过多装饰，在保持了优雅、大方的同时摒弃了职业装的正式、严谨，使服装更加随性、舒适。腰带的装饰既修饰了身形，又展现出女性迷人的气质。

CMYK: 82,80,75,58

色彩点评

- 服装整体采用黑色，明度较低，给人稳重、沉着的感觉。
- 黑色沉稳、成熟，给人留下大方、干练的印象。
- 黑色具有后退、凹进的效果，这款黑色连衣裙在视觉上更加显瘦。

推荐色彩搭配

C: 38	C: 4	C: 58	C: 4	C: 8	C: 2	C: 84
M: 54	M: 19	M: 6	M: 0	M: 44	M: 10	M: 72
Y: 12	Y: 13	Y: 24	Y: 17	Y: 25	Y: 20	Y: 24
K: 0	K: 0	K: 0	K: 0	K: 0	K: 0	K: 0

设计师的服装与服饰设计 色彩搭配手册

波西米亚风格的服装华丽、浪漫，色彩鲜艳、醒目，极具视觉冲击力。经典的波西米亚风元素包括层叠的蕾丝、繁复的印花、流苏、绳结、刺绣以及珠串，搭配宽松的裙摆，华丽、浪漫、神秘。波西米亚风的服饰具有一种叛逆、自由、潇洒的浪漫风情。

色彩调性： 不羁、格调、浪漫、自由、热情、洒脱。

常用主题色：

| CMYK: 5,19,88,0 | CMYK: 9,75,98,0 | CMYK: 19,100,100,0 | CMYK: 61,78,0,0 | CMYK: 0,0,0,0 | CMYK: 84,40,58,0 |

常用色彩搭配

CMYK: 33,41,4,0 CMYK: 88,100,31,0	CMYK: 9,75,98,0 CMYK: 10,0,83,0	CMYK: 93,75,0,0 CMYK: 58,0,44,0	CMYK: 19,100,100,0 CMYK: 5,42,92,0
深紫搭配丁香紫，同色系搭配使服装的色彩更加自然和谐。紫色神秘、浪漫，极具波西米亚的浪漫风情。	橘色搭配黄色，色彩明度较高，华丽、明快，服装采用这两种颜色进行搭配，给人自由、热情的感受。	蓝色搭配青绿色，使服装更加偏向于冷色调，给人清爽、清新的感受。	红色搭配万寿菊黄，这两种颜色都是热情、明亮的颜色，搭配在一起给人自由、欢快的感受。

配色速查

浪漫	自由	华丽	欢快

CMYK: 69,73,37,0 CMYK: 35,35,2,0 CMYK: 10,79,15,0	CMYK: 9,79,91,0 CMYK: 7,7,85,0 CMYK: 28,2,20,0	CMYK: 10,81,56,0 CMYK: 9,79,91,0 CMYK: 76,19,39,0	CMYK: 17,35,83,0 CMYK: 0,0,0,0 CMYK: 16,76,75,0

波西米亚风格的服饰往往采用绣花、钉珠、流苏等元素设计而成，这款挎包上带有流苏以及钉珠装饰，极具波西米亚的浪漫风情。搭配纯白的亚麻长裙，自由、随性，给人留下深刻的印象。

色彩点评

- 挎包色彩呈暖色调，明度适中，给人温暖、热情的感受。
- 挎包上的白色珠串与棕色流苏组合在一起，这种繁复的装饰极具民族风情，搭配纯白色连衣裙，给人留下时尚、浪漫的深刻印象。

CMYK: 1,2,2,0
CMYK: 40,75,97,4

推荐色彩搭配

C: 25	C: 60
M: 100	M: 9
Y: 100	Y: 29
K: 0	K: 0

C: 31	C: 71
M: 49	M: 91
Y: 76	Y: 23
K: 0	K: 0

C: 60	C: 15	C: 89
M: 9	M: 12	M: 80
Y: 29	Y: 82	Y: 33
K: 0	K: 0	K: 1

这套服装色彩丰富，华丽、浪漫。繁复的首饰、绣花外套和带有流苏挂绳的连衣裙，显示出浪漫、潇洒的波西米亚风。宽大的领口装饰有层叠繁复的项链，带来更加华丽的视觉享受。

色彩点评

- 服装整体色彩鲜艳醒目，明度较高，可以给人留下艳丽、热情的深刻印象。
- 丰富鲜艳的印花色彩对比强烈，视觉冲击力较强。
- 白色的连衣裙搭配鲜艳的外套，减弱了过多色彩带来的刺激性，使服装带给人更加舒适的视觉感受。

CMYK: 1,2,2,0
CMYK: 40,99,100,6
CMYK: 78,30,85,0
CMYK: 4,42,79,0

推荐色彩搭配

C: 30	C: 73
M: 94	M: 92
Y: 86	Y: 27
K: 0	K: 0

C: 8	C: 13	C: 42
M: 16	M: 65	M: 4
Y: 63	Y: 92	Y: 49
K: 0	K: 0	K: 0

C: 23	C: 73	C: 87	C: 77
M: 86	M: 92	M: 84	M: 22
Y: 29	Y: 27	Y: 76	Y: 36
K: 6	K: 0	K: 65	K: 0

优雅浪漫风格的服装特点是显气质、优雅，这类服装的色彩饱和度较低，明度较高，多使用白色、淡粉、淡紫、米色等颜色，具有一种纯净、优雅的韵味。面料上选用有质感的面料，如毛皮、绸缎、羊绒等，使服装更显奢华、典雅。

色彩调性：优雅、浪漫、气质、魅力、柔和、高贵。

常用主题色：

| CMYK: 4,23,36,0 | CMYK: 12,9,9,0 | CMYK: 33,22,4,0 | CMYK: 67,59,56,6 | CMYK: 5,13,6,0 | CMYK: 36,43,15,0 |

常用色彩搭配

CMYK: 14,23,36,0
CMYK: 0,0,0,0
米色搭配白色，两者都是柔和、宁静的色彩，给人温柔、优雅的感觉。

CMYK: 18,29,13,0
CMYK: 8,15,6,0
藕荷色搭配淡紫丁香，中纯度的配色较为柔和、舒适。紫色给人优雅、浪漫的感觉。

CMYK: 7,11,15,0
CMYK: 21,14,1,0
灰蓝搭配米色，灰蓝色知性、大方，米色则温馨、柔和，搭配在一起表现出温柔、优雅的特性。

CMYK: 1,15,11,0
CMYK: 0,0,0,0
浅粉红搭配白色，粉色温柔、柔美，是可以很好地表现女性气质的色彩，白色纯真、纯净，搭配在一起给人柔和、大方的感受。

配色速查

气质	脱俗	柔和	典雅

CMYK: 5,22,24,0
CMYK: 9,8,7,0
CMYK: 25,30,25,0

CMYK: 16,26,13,0
CMYK: 13,22,14,0
CMYK: 37,36,0,0

CMYK: 2,6,4,0
CMYK: 7,23,24,0
CMYK: 2,28,37,0

CMYK: 38,54,12,0
CMYK: 4,37,17,0
CMYK: 4,19,13,0

這套服裝呈現出優雅浪漫的風格，整體呈白色，色彩明度較高，給人柔和、優雅的視覺感受。連衣裙袖口的蝴蝶結不僅收緊袖口，便於活動，而且還增強了服裝的設計感，使服裝更加精緻、柔美，更好地展現了女性的優雅氣質。搭配的寶石項鍊則使服裝更加華貴。

色彩點評

■ 服裝整體明度較高，顯得大方、優雅。

■ 白色柔和、乾淨，白色的連衣裙搭配象牙白色的大衣，使服裝整體色調較為柔和、自然、一致。

■ 藍色的寶石豐富了服裝整體色彩，並使服裝更具華貴氣息。

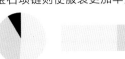

CMYK: 0,5,1,0　CMYK: 8,6,9,0
CMYK: 97,81,35,1

推薦色彩搭配

C: 3	C: 25	C: 3	C: 6	C: 89	C: 93	C: 0
M: 9	M: 19	M: 9	M: 17	M: 80	M: 87	M: 0
Y: 8	Y: 0	Y: 8	Y: 21	Y: 33	Y: 89	Y: 0
K: 0	K: 0	K: 0	K: 0	K: 1	K: 80	K: 0

這套服裝整體呈白色，明度較高，給人親近、大方的感受。外套的毛領使服裝更加溫暖的同時，更顯華貴雍容的氣質，蕾絲短裙使整體服裝更具柔美、優雅的格調。

CMYK: 0,1,0,0
CMYK: 4,6,4,0
CMYK: 92,89,87,79

色彩點評

■ 服裝整體色彩明度較高，在視覺上產生凸出、前進的效果，給人親切、易於接近的視覺感受。

■ 白色大方、柔和，服裝整體呈白色，給人優雅、成熟大方的感覺。

■ 黑色與白色形成鮮明的對比，增強了服飾整體的視覺吸引力，同時經典的黑白搭配增強了服裝的時尚感。

推薦色彩搭配

C: 24	C: 0	C: 0	C: 48	C: 24	C: 30	C: 7	C: 38	C: 18
M: 18	M: 29	M: 29	M: 36	M: 18	M: 83	M: 38	M: 47	M: 13
Y: 0	Y: 14	Y: 14	Y: 0	Y: 0	Y: 60	Y: 16	Y: 12	Y: 13
K: 0	K: 0	K: 0	K: 0	K: 0	K: 0	K: 0	K: 0	K: 0

5.11 自然田园

自然田园风格的服装表现出自然、舒适、随性的特点。这类服装多采用纯棉面料制作，给人一种天然、舒适的感受。服装色彩饱和度较低，不会使用较鲜艳醒目的颜色，整体自然、和谐。自然田园风格的服装还会使用蕾丝、碎花等元素进行设计，以增强服装的美感，使服装更加清新、温柔。

色彩调性： 清新、自然、舒适、随性、简单、超凡脱俗。

常用主题色：

CMYK: 22,18,29,0　CMYK: 70,42,53,0　CMYK: 46,49,28,0　CMYK: 14,23,36,0　CMYK: 71,51,21,0　CMYK: 36,53,71,0

常用色彩搭配

CMYK: 14,23,36,0 CMYK: 100,100,54,6	CMYK: 66,60,100,22 CMYK: 2,11,35,0	CMYK: 12,9,9,0 CMYK: 36,53,71,0	CMYK: 14,23,36,0 CMYK: 25,69,93,0
米色搭配深蓝色，米色温馨、柔和，搭配沉稳的深蓝色，给人大方、简约的感受。	奶黄搭配橄榄绿，使服装呈暖色调，自然、温暖，同时绿色和黄色可以使人联想到温暖的阳光和大自然。	亮灰搭配驼色，驼色沉着、温暖，搭配灰色给人柔和、自然的视觉感受。	米色搭配琥珀色，两者都为暖色，给人温暖、明快的感受。

配色速查

惬意	舒适	平稳	柔和
CMYK: 73,47,18,0 CMYK: 0,0,0,0 CMYK: 4,19,13,0	CMYK: 75,45,37,0 CMYK: 27,35,36,0 CMYK: 4,11,31,0	CMYK: 17,44,65,0 CMYK: 72,55,82,16 CMYK: 93,86,32,1	CMYK: 36,36,13,0 CMYK: 14,18,21,0 CMYK: 50,34,13,0

这款连衣裙有大量的碎花印花，呈现出明显的自然田园风格，自然、清新。服装整体呈浅色调，给人舒适、自然的视觉感受。轻薄的面料穿着后舒适、轻松；袖口的花边设计使服装更加精致甜美。

CMYK: 0,2,2,0
CMYK: 25,100,100,0

色彩点评

■ 服装整体色彩明度较高，给人亲切、清新的感受。

■ 碎花印花丰富了服装的色彩，增强了服装的层次感，使服装更具视觉吸引力。

■ 白色纯净、柔和，服装整体使用白色不仅提高了服装整体的明度，还使服装更具清新感和少女感。

推荐色彩搭配

C: 6	C: 63	C: 0	C: 73	C: 1	C: 97	C: 4
M: 17	M: 54	M: 0	M: 49	M: 11	M: 80	M: 24
Y: 21	Y: 24	Y: 0	Y: 41	Y: 9	Y: 43	Y: 31
K: 0	K: 0	K: 0	K: 0	K: 0	K: 6	K: 0

这款连衣裙由纯棉面料制成，透气性强，穿着舒适。服装整体色彩饱和度较低，视觉刺激性较弱，给人柔和、自然的视觉感受。蕾丝材质的花边和马甲使服装更具甜美感，显得自然、可爱、清新。

CMYK: 21,28,35,0
CMYK: 49,69,89,10
CMYK: 3,4,6,0

色彩点评

■ 服装整体色彩饱和度较低，视觉刺激感较弱，给人柔和、自然的视觉感受。

■ 棕色属于暖色，温暖、稳重，而这款连衣裙则呈现出一种贴近自然的朴素、柔和的气息。

■ 白色的搭配提升了服装的明度，使服装更加醒目。

推荐色彩搭配

C: 29	C: 63	C: 98	C: 39	C: 22	C: 71	C: 79	C: 15
M: 38	M: 54	M: 98	M: 34	M: 50	M: 36	M: 74	M: 36
Y: 38	Y: 24	Y: 59	Y: 36	Y: 53	Y: 53	Y: 60	Y: 37
K: 0	K: 0	K: 43	K: 0	K: 0	K: 0	K: 27	K: 0

　　民俗风的服饰在款式或细节处常使用具有民族风格的元素，这类服装的制作工艺以绣花、印花、蜡染为主，多采用棉麻面料。民俗风的服饰既包含了民族特色，又具有现代时装的时尚感。民俗风服装展现了多个民族的不同特点，如神秘的东方民族、地中海的古老贵族、华丽的东欧花卉刺绣、自由浪漫的波西米亚、狂野的印第安、豪放原始的非洲等，带给人们不同的感受。

色彩调性：独特、时尚、复古、繁复、华丽、浪漫。

常用主题色：

CMYK: 0,0,0,100　　CMYK: 6,8,73,0　　CMYK: 16,90,96,0　　CMYK: 90,60,100,42　　CMYK: 5,42,92,0　　CMYK: 96,78,0,0

常用色彩搭配

CMYK: 27,100,100,0
CMYK: 59,84,100,48

CMYK: 89,51,76,13
CMYK: 59,69,98,27

CMYK: 5,23,89,0
CMYK: 16,90,96,0

CMYK: 99,83,46,10
CMYK: 84,45,25,0

威尼斯红搭配巧克力色，红色热情、活跃，搭配沉稳、深邃的巧克力色，给人华丽、复古的感觉。

咖啡色较为威严、庄重，与深沉、成熟的铬绿搭配营造出华丽的视觉效果，给人时尚、复古的感受。

铬黄搭配橘红，色彩对比鲜明，给人活跃、热情的感受。

藏蓝搭配孔雀蓝，深沉的蓝色深邃、神秘。

配色速查

热情	时尚	艳丽	独特

CMYK: 16,90,96,0
CMYK: 49,79,100,18
CMYK: 17,45,86,0

CMYK: 90,56,91,29
CMYK: 62,80,84,45
CMYK: 4,11,31,0

CMYK: 9,75,98,0
CMYK: 19,100,100,0
CMYK: 93,86,32,1

CMYK: 93,86,32,1
CMYK: 42,17,16,0
CMYK: 22,88,88,0

民俗风的服装多带有复杂华丽的花纹与丰富炫目的色彩。这套服装呈现出明显的民俗风,半身裙上大面积的花朵刺绣纹样华丽复杂,极具民族风情,独特、浪漫。服装色彩丰富,视觉吸引力较强。

■ 服装整体色彩纯度与明度较低,视觉刺激感较弱。

■ 粉色、蓝色和米色的搭配,使服装整体鲜艳、醒目,增强了服装的视觉吸引力。

■ 墨绿色深沉、大气,搭配黑色,减弱了过多色彩的杂乱感,使服装更加庄重、大气。

CMYK: 83,62,98,40
CMYK: 88,83,78,68
CMYK: 13,22,23,0
CMYK: 95,75,51,15

推荐色彩搭配

C: 25	C: 14
M: 100	M: 5
Y: 100	Y: 63
K: 0	K: 0

C: 84	C: 20
M: 41	M: 68
Y: 53	Y: 82
K: 0	K: 0

C: 84	C: 89	C: 6
M: 49	M: 80	M: 42
Y: 35	Y: 33	Y: 24
K: 0	K: 1	K: 0

这件纯棉外套的边缘绣有大量民俗风的花纹,使服装更加华丽、耀眼,服装整体色彩纯度较高,给人夺目、华丽的视觉感受。五分袖的款式更加清凉、舒适,搭配短款蕾丝短袖,使服装更加时尚、精致,展现出浓郁的民俗风情。

■ 服装整体色彩纯度较高,对比强烈,视觉冲击力较强。

■ 高纯度的红色与蓝色进行搭配,色彩对比明显,给人留下深刻的印象。

■ 复杂的印花丰富了服装的颜色,增强了服装的层次感,使服装更具吸引力。

CMYK: 19,90,80,0   CMYK: 73,45,19,0
CMYK: 0,0,0,0   CMYK: 2,34,54,0

推荐色彩搭配

C: 83	C: 85	C: 5	C: 11
M: 31	M: 58	M: 39	M: 87
Y: 91	Y: 4	Y: 84	Y: 78
K: 0	K: 0	K: 0	K: 0

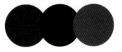

C: 91	C: 76	C: 13
M: 64	M: 80	M: 77
Y: 60	Y: 65	Y: 87
K: 18	K: 41	K: 0

C: 36	C: 30	C: 75	C: 8
M: 19	M: 52	M: 15	M: 82
Y: 96	Y: 5	Y: 40	Y: 87
K: 0	K: 0	K: 0	K: 0

　　摩登复古风格的服装既具有经典、怀旧的特点，又具有随性、时尚的特点。这类服饰的色彩不会过于鲜艳，而是使用酒红色、驼色、深紫色这类明度较低的色彩，给人经典、复古、成熟的感觉。面料则选用皮革、毛型织物等来凸显成熟、雍容的气质。

色彩调性： 怀旧、气质、大方、经典、时尚、高级。

常用主题色：

CMYK: 100,98,50,5　CMYK: 88,100,31,0　CMYK: 49,66,87,9　CMYK: 56,98,75,37　CMYK: 18,47,88,0　CMYK: 0,0,0,100

常用色彩搭配

CMYK: 96,87,6,0
CMYK: 88,100,31,0

宝石蓝搭配紫色，紫色优雅、神秘，宝石蓝沉静、知性，这两种颜色搭配在一起，可以更好地展现出穿着者优雅、大方的气质。

CMYK: 31,48,100,0
CMYK: 49,79,100,18

黄褐色搭配重褐色，色彩明度较低，显得成熟、稳重。

CMYK: 55,100,74,34
CMYK: 14,23,36,0

酒红色搭配米色，酒红色高贵、古典，搭配柔和的米色，可以很好地展现出穿着者的气质，给人留下大方、高级的印象。

CMYK: 81,78,0,0
CMYK: 36,53,71,0

紫色搭配驼色，紫色优雅、浪漫，驼色沉着、成熟，这两种颜色搭配在一起使服装更加时尚、优雅。

配色速查

古典	成熟	优雅	怀旧
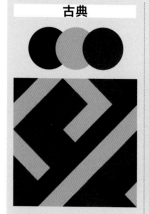			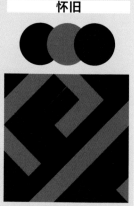
CMYK: 44,100,100,12 CMYK: 14,23,36,0 CMYK: 56,74,0,0	CMYK: 27,73,94,0 CMYK: 21,94,100,0 CMYK: 72,90,63,42	CMYK: 40,75,97,4 CMYK: 26,20,19,0 CMYK: 69,82,15,0	CMYK: 87,60,84,34 CMYK: 34,46,89,0 CMYK: 44,84,100,10

　　这件大衣运用了经典的格纹元素进行设计，大面积的驼色给人经典、复古的感觉。棕色的毛领使服装更具雍容、大气的格调，毛呢面料保暖的同时给人稳重、成熟的印象。搭配同类格纹的长裙和鞋子，使整体服装风格更加统一、和谐，给人留下深刻的印象。

CMYK: 27,35,36,0　CMYK: 54,99,78,34
CMYK: 87,84,33,1

色彩点评

■ 驼色与酒红的搭配给人经典、复古的感受。

■ 蓝色作为点缀色，丰富了整体服装的色彩，增强了服装的层次感，使服装更具视觉吸引力。

■ 服装呈棕色调，可给人留下稳重、成熟的印象。

推荐色彩搭配

C: 44	C: 78	C: 48	C: 32	C: 90	C: 84
M: 100	M: 65	M: 71	M: 33	M: 85	M: 50
Y: 100	Y: 17	Y: 100	Y: 51	Y: 83	Y: 35
K: 13	K: 0	K: 11	K: 0	K: 75	K: 0

　　这套服装极具时尚、经典的摩登复古风格，经典的红色格纹衬衫搭配同色皮革半身裙，酒红色显白的同时更加彰显穿着者高贵、古典的气质。

CMYK: 15,23,17,0
CMYK: 55,94,78,34
CMYK: 89,84,82,72

色彩点评

■ 服装整体色彩明度较低，给人低调、内敛的感受。

■ 酒红色古典、复古，视觉刺激性较小，给人留下经典、大气的印象。

■ 淡粉色柔美、浪漫，与酒红色的搭配提升了服装整体色彩的明度，更好地展现出穿着者柔美的一面。

推荐色彩搭配

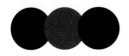 

C: 73	C: 28	C: 44	C: 20	C: 91	C: 27	C: 91	C: 29	C: 56	C: 80
M: 92	M: 72	M: 100	M: 44	M: 69	M: 51	M: 80	M: 41	M: 79	M: 54
Y: 27	Y: 95	Y: 100	Y: 81	Y: 64	Y: 47	Y: 80	Y: 24	Y: 56	Y: 60
K: 0	K: 0	K: 12	K: 0	K: 30	K: 0	K: 67	K: 0	K: 9	K: 7

5.14 牛仔风

牛仔风的服装其特点是简单、舒适、随性。牛仔外套或是牛仔裤具有方便、耐磨、舒适等优点，而且这类服饰是最易搭配的，如衬衫、毛衣、毛呢大衣等，都可以与牛仔裤进行搭配。这类服装没有年龄与季节的制约，是多数人会选择的服饰，穿着后会显得人活力满满。

色彩调性： 独立、自由、流行、个性、随性、帅气。

常用主题色：

CMYK: 39,20,7,0　CMYK: 93,75,0,0　CMYK: 48,78,91,14　CMYK: 22,88,88,0　CMYK: 0,0,0,0　CMYK: 54,23,34,0

常用色彩搭配

CMYK: 31,48,100,0 CMYK: 79,60,0,0	CMYK: 96,87,6,0 CMYK: 0,0,0,0	CMYK: 43,100,100,11 CMYK: 96,78,0,0	CMYK: 80,50,0,0 CMYK: 93,88,89,80
牛仔面料多为简单、大方的蓝色，皇室蓝搭配沉稳、成熟的黄褐色，给人稳重、大方的感受。	白色纯净、简单，与纯度较高的宝石蓝搭配在一起，视觉冲击力较强，给人清爽、活力的感受。	酒红色搭配蔚蓝色，色彩纯度较高，对比鲜明，具有较强的视觉冲击力，给人留下个性十足的深刻印象。	黑色搭配天蓝色，黑色沉稳、成熟，搭配纯净的蓝色，给人利落、大方的感受。

配色速查

稳重	运动	帅气	靓丽

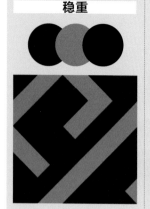  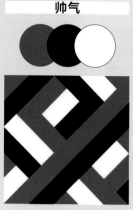 

| CMYK: 44,85,100,10
CMYK: 27,35,36,0
CMYK: 94,100,38,4 | CMYK: 100,92,48,13
CMYK: 0,0,0,0
CMYK: 42,4,17,0 | CMYK: 80,43,20,0
CMYK: 82,80,75,58
CMYK: 0,0,0,0 | CMYK: 77,53,1,0
CMYK: 4,43,14,0
CMYK: 0,0,0,0 |

牛仔风格的服装可以率性、自由搭配。这套服装将印花衬衫与破洞牛仔裤组合在一起，给人年轻、自由的感觉。破洞的设计更好地展现出穿着者自由不羁、随心所欲的特性，给人留下帅气、个性十足的印象。印花衬衫使服装更具吸引力，可以更好地抓住观者的视线。

CMYK: 62,37,21,0 CMYK: 86,54,15,0
CMYK: 90,56,91,29

色彩点评

■ 服装整体明度较低，给人大方、冷静的感受。

■ 青色的衬衫上印有大量绿色印花，二者为类似色搭配，色彩较为和谐、统一，给人和谐、舒适的视觉感受。

■ 服装整体色调偏冷，易使人产生难以接近的感觉。

推荐色彩搭配

C: 57　　C: 0
M: 37　　M: 0
Y: 28　　Y: 0
K: 0　　 K: 0

C: 89　　C: 24
M: 73　　M: 18
Y: 2　　 Y: 2
K: 0　　 K: 0

C: 100　 C: 49
M: 93　　M: 27
Y: 25　　Y: 44
K: 0　　 K: 0

这套服装整体由牛仔面料制成，更具活力、个性、时尚。服装整体面料相同，给人舒适、和谐的视觉感受。外套上的流苏起到装饰服装的作用，使服装更具设计感，增强了服装的视觉吸引力。

CMYK: 100,92,48,13
CMYK: 11,11,10,0

色彩点评

■ 服装整体纯度较高，视觉冲击力较强。

■ 白色的流苏搭配深蓝色服装，对比鲜明，层次感较强，更具视觉吸引力。

推荐色彩搭配

C: 82　　C: 15
M: 49　　M: 36
Y: 7　　 Y: 84
K: 0　　 K: 0

C: 13　C: 80　C: 4
M: 7　 M: 50　M: 42
Y: 20　Y: 0　 Y: 31
K: 0　 K: 0　 K: 0

C: 76　C: 58　C: 2　 C: 17
M: 33　M: 41　M: 9　 M: 48
Y: 18　Y: 30　Y: 14　Y: 24
K: 0　 K: 0　 K: 0　 K: 0

　　居家风格的服装多呈现出舒适、随性、日常的特点，这类服装多是在家穿着，款式宽松、简单，便于活动。居家风格追求简单、温馨、舒适的休闲感。在面料上选择纯棉、羊绒这一类柔软、舒适的面料。在颜色上则选择灰色、棕色这一类饱和度较低的颜色，不会带来较大的刺激感，给人自然、舒适的视觉感受。

色彩调性： 舒适、柔和、温馨、轻松、日常、休闲。

常用主题色：

CMYK: 12,9,9,0　　CMYK: 67,59,56,6　　CMYK: 93,88,89,80　　CMYK: 35,44,53,0　　CMYK: 46,49,28,0　　CMYK: 60,45,19,0

常用色彩搭配

CMYK: 67,59,56,6 CMYK: 79,74,71,45	CMYK: 0,0,0,100 CMYK: 36,53,71,0	CMYK: 8,16,24,0 CMYK: 14,41,60,0	CMYK: 20,16,17,0 CMYK: 3,31,26,0
深灰搭配灰色，灰色柔和、朴素，不会给人过大的视觉刺激，深浅不一的灰色使服装更具层次感。	黑色搭配驼色，色彩明度较低，沉稳、大方，驼色色感较暖，惬意、温馨。	米色搭配杏黄色，两者都是温暖的颜色，米色则更加柔和，组合在一起给人温馨、舒适的感受。	灰色柔和、朴素，壳黄红文静、柔美，搭配在一起视觉冲击力较弱，给人柔和、恬静的感受。

配色速查

温馨	日常	安宁	休闲

| CMYK: 22,16,16,0
CMYK: 5,25,24,0
CMYK: 28,44,54,0 | CMYK: 15,23,33,0
CMYK: 24,42,50,0
CMYK: 40,56,63,0 | CMYK: 22,31,26,0
CMYK: 61,66,59,9
CMYK: 35,18,13,0 | CMYK: 28,61,60,0
CMYK: 14,13,11,0
CMYK: 42,34,41,0 |

居家风格的服装多采用宽松、舒适的款式，给人舒适、温馨的感觉。这套服装饱和度较低，视觉冲击力较弱，自然、和谐。毛衣版型宽松、下摆地大，搭配宽松的半身裙，穿着后舒适、轻松。服装使用条纹元素，使服装更加经典、时尚。

CMYK: 29,54,64,0　CMYK: 62,62,58,6

色彩点评

■ 大面积金色珠宝颜色的运用，凸显出产品的奢华与精致，可以最大限度地吸引受众的注意力。

■ 深灰色以及白色的运用，清楚地凸显出版面内容，同时让产品的高级感得到进一步提升。服装整体饱和度较低，给人柔和、舒适的感受。

■ 毛衣呈暖色调，搭配灰色，给人温暖、放松的视觉感受。

■ 灰色较为沉稳，饱和度较低，不会带来较多的刺激感，是适合居家风格服装的颜色。

推荐色彩搭配

C: 29	C: 83	C: 37	C: 25	C: 55	C: 22
M: 23	M: 77	M: 27	M: 0	M: 54	M: 47
Y: 22	Y: 41	Y: 17	Y: 23	Y: 65	Y: 47
K: 0	K: 4	K: 0	K: 0	K: 2	K: 0

这套服装整体饱和度较低，给人柔和、舒适的视觉感受。针织毛衣宽松、舒适的同时不伤皮肤，羊绒打底裤贴身穿着，不会过于紧绷，带来束缚感。

CMYK: 70,64,53,7
CMYK: 33,27,20,0

色彩点评

■ 服装整体色彩饱和度较低，给人柔和、和谐的感受。

■ 灰色饱和度较低，对视觉刺激较小。

■ 浅灰色条纹增强了服装的时尚感，与深灰色形成对比，使服装更具层次感。

推荐色彩搭配

C: 8	C: 47	C: 69	C: 99	C: 47	C: 2	C: 40	C: 2
M: 28	M: 51	M: 43	M: 96	M: 55	M: 32	M: 73	M: 17
Y: 30	Y: 48	Y: 57	Y: 52	Y: 83	Y: 18	Y: 94	Y: 15
K: 0	K: 0	K: 0	K: 26	K: 22	K: 0	K: 3	K: 0

5.16 学院风

学院风的服饰是对学生校服进行改良后而盛行的一种服装风格，多给人年轻、清纯、活力满满的感觉。女性的着装以百褶裙搭配小西装外套、蝴蝶领结、衬衫为代表，男性则以西装外套搭配领带、衬衫、针织背心、休闲长裤为代表。这类服装还会使用条纹和格纹元素，具有时尚、优雅的特点。

色彩调性： 内敛、斯文、年轻、简单、传统、经典。

常用主题色：

CMYK: 19,100,100,0　CMYK: 96,87,6,0　CMYK: 90,60,100,42　CMYK: 0,0,0,0　CMYK: 36,53,71,0　CMYK: 100,100,54,6

常用色彩搭配

CMYK: 0,0,0,100
CMYK: 44,100,100,13

酒红搭配黑色是经典的学院风服饰配色，色彩明度较低，给人经典、稳重、保守的感受。

CMYK: 96,87,6,0
CMYK: 5,19,88,0

宝石蓝搭配金色，纯度较高的蓝色理性、睿智，搭配明亮的黄色增强了服装的活跃性，给人年轻、充满活力的学生感。

CMYK: 90,60,100,42
CMYK: 100,91,47,8

午夜蓝沉稳、冷静，搭配优雅深沉的墨绿色，极具英伦古典气息。

CMYK: 36,53,71,0
CMYK: 60,52,48,0

驼色搭配灰色，灰色内敛柔和，搭配稳重、沉着的驼色，呈现出经典的学院风格，极具经典、优雅气息。

配色速查

经典	随性	斯文	传统
CMYK: 46,99,97,17	CMYK: 90,74,9,0	CMYK: 90,56,91,29	CMYK: 28,23,20,0
CMYK: 82,80,75,58	CMYK: 39,100,100,5	CMYK: 100,92,48,13	CMYK: 43,64,77,2
CMYK: 96,84,17,0	CMYK: 6,16,86,0	CMYK: 11,9,23,0	CMYK: 90,56,91,29

这套服装学院风格明显，带有条纹的马甲、卡其色外衣、衬衫领结是典型的学院风元素。米色长裤搭配卡其色上衣，稳重、低调，白色衬衫外搭马甲，展现出校园气息，青春感满满。条纹的设计为服装增加了一丝英伦古典的气息，更具时尚与年轻感。

CMYK: 14,22,24,0
CMYK: 20,26,35,0
CMYK: 4,4,9,0

色彩点评

■ 服装整体饱和度较低，视觉刺激感较弱，给人优雅、低调的感觉。

■ 白色纯净、柔和，搭配条纹元素，给人年轻、纯净的校园感。

■ 卡其色内敛、低调，视觉冲击力较小，使整体服装呈现出简约而精致、稳重又时尚的特点。

推荐色彩搭配

C: 25	C: 88	C: 0	C: 100	C: 41	C: 0
M: 100	M: 53	M: 0	M: 93	M: 33	M: 0
Y: 100	Y: 100	Y: 0	Y: 25	Y: 31	Y: 0
K: 0	K: 24	K: 0	K: 0	K: 0	K: 0

这款大衣使用黑色与红色进行搭配，是经典的学院风的配色，同时带有花纹的金属纽扣使服装更具张扬、青春的气息。大衣剪裁合身，配色简单，给人经典、稳重、大气的感受。

CMYK: 90,84,84,74
CMYK: 44,100,100,13
CMYK: 10,23,53,0

色彩点评

■ 黑色搭配红色，视觉冲击力较强，可给人留下深刻的印象。

■ 红色张扬、鲜活，搭配沉稳的黑色，给人青春、年轻的校园感。

■ 黄色作为点缀色，与红黑两色形成对比，增强了服装的层次感，使服装更具视觉吸引力。

推荐色彩搭配

C: 5	C: 77	C: 8	C: 59	C: 35	C: 43	C: 89	C: 14	C: 93
M: 38	M: 51	M: 28	M: 66	M: 100	M: 100	M: 59	M: 23	M: 86
Y: 84	Y: 14	Y: 30	Y: 61	Y: 98	Y: 100	Y: 100	Y: 36	Y: 32
K: 0	K: 0	K: 0	K: 9	K: 2	K: 11	K: 11	K: 0	K: 1

欧美风服装多给人时髦、时尚、个性的感觉。款式简单大方，颜色搭配不会太过丰富，简单的搭配就可以展现出欧美风大胆、前卫的特点，如吊带连衣裙、短裤、皮裤、短背心、毛皮外套等，将这些服装进行搭配，可以打造出时尚、热情、个性的潮流女性形象。

色彩调性： 随性、简单、大胆、时尚、前卫、个性。

常用主题色：

CMYK: 4,31,60,0 CMYK: 0,0,0,100 CMYK: 14,23,36,0 CMYK: 49,79,100,18 CMYK: 43,99,96,10 CMYK: 31,48,100,0

常用色彩搭配

CMYK: 59,84,100,48 CMYK: 14,23,36,0	CMYK: 0,0,0,100 CMYK: 36,33,89,0	CMYK: 44,100,100,12 CMYK: 36,53,71,0	CMYK: 40,50,96,0 CMYK: 66,60,100,22
柔和的米色搭配成熟、干练的巧克力色，给人随性、时尚的感受。	黑色搭配土著黄，黑色较为深沉、庄重，而土著黄色调偏暗，带来一丝神秘感，搭配在一起打造出时尚、个性的风格。	酒红搭配驼色，酒红色经典、复古，搭配沉稳、成熟的驼色给人大方、时尚的感受。	卡其黄搭配橄榄绿，色彩明度较低，给人深沉、神秘的感受。

配色速查

醒目	优雅	随性	时尚
CMYK: 17,45,86,0 CMYK: 82,80,75,58 CMYK: 79,52,0,0	CMYK: 90,56,91,29 CMYK: 32,78,100,0 CMYK: 15,15,13,0	CMYK: 44,5,7,0 CMYK: 86,82,82,70 CMYK: 39,63,78,1	CMYK: 39,100,100,5 CMYK: 18,0,19,0 CMYK: 64,85,100,57

这件吊带连衣裙时尚大胆，是典型的欧美风格的体现。服装整体明度较高，给人活跃、热情、开朗的感受，紧身的款式贴合身形，可以更好地展现出女性迷人的气质。

色彩点评

■ 服装整体明度较高，给人热情、开朗的感受。

■ 米色在视觉上具有接近、凸出的效果，给人亲切、柔和的视觉感受。

CMYK: 4,12,18,0

推荐色彩搭配

C: 3	C: 86	C: 0
M: 29	M: 82	M: 0
Y: 18	Y: 82	Y: 0
K: 0	K: 70	K: 0

C: 25	C: 92
M: 87	M: 77
Y: 45	Y: 93
K: 0	K: 71

C: 35	C: 0
M: 0	M: 0
Y: 81	Y: 0
K: 0	K: 60

这套服装由毛皮大衣和亮面皮裤搭配而成，服装整体色彩明度较低，给人成熟、大方的感受。紧身亮面皮裤时尚大胆，搭配极具个性的马丁靴，给人留下大胆张扬的印象。毛皮大衣更显雍容气质，使服装展现出大胆、时尚的欧美风格。

色彩点评

■ 黑色大气、成熟，大面积的黑色给人成熟、气质不凡的感受。

■ 服装整体明度较低，对视觉刺激较小，可给人留下大方、沉稳的印象。

CMYK: 88,84,83,73
CMYK: 50,56,59,1

推荐色彩搭配

C: 29	C: 38
M: 0	M: 80
Y: 82	Y: 100
K: 0	K: 3

C: 5	C: 92	C: 29
M: 91	M: 88	M: 0
Y: 5	Y: 88	Y: 82
K: 0	K: 79	K: 0

C: 87	C: 40	C: 29	C: 92
M: 62	M: 73	M: 42	M: 88
Y: 0	Y: 94	Y: 98	Y: 88
K: 0	K: 3	K: 0	K: 79

5.18 嘻哈风

嘻哈风格的服装其特点是张扬、叛逆、潮流，嘻哈风格是街头风格的一种，它将音乐、舞蹈、涂鸦、金属等元素融入服装中。如衬衫、牛仔裤、渔夫帽、带有涂鸦的鞋子和各种金属饰品。嘻哈风格潮流、个性，已成为潮流和时尚的象征。

色彩调性：张扬、个性、叛逆、不羁、潮流、时尚。

常用主题色：

CMYK: 19,100,100,0　CMYK: 0,81,10,0　CMYK: 62,6,66,0　CMYK: 63,77,8,0　CMYK: 9,75,98,0　CMYK: 0,0,0,100

常用色彩搭配

CMYK: 9,75,98,0
CMYK: 88,100,31,0

橙色和紫色是对比色搭配，色彩对比鲜明，具有较强的视觉刺激感，橙色和紫色的搭配一冷一暖，增强了服装的活跃性，使服装更加醒目、个性。

CMYK: 19,100,100,0
CMYK: 96,78,0,0

鲜红搭配蔚蓝色，高纯度的红色搭配蓝色，色彩对比强烈，给人运动、个性的感受。

CMYK: 25,0,90,0
CMYK: 0,0,0,100

黄绿色搭配黑色，黑色较为沉稳、深沉，而黄绿色明度较高，活跃、鲜活，两种色彩对比强烈，使服装给人留下深刻印象。

CMYK: 6,56,94,0
CMYK: 55,0,18,0

阳橙色搭配青色，两种颜色属于互补色对比，色彩对比鲜明，极具视觉冲击力，两种色彩纯度较高，更具青春、活力的感觉。

配色速查

兴奋	潮流	明快	青春

 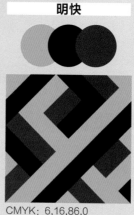

CMYK: 8,16,63,0
CMYK: 23,86,29,0
CMYK: 86,82,82,70

CMYK: 77,22,36,0
CMYK: 23,86,29,0
CMYK: 12,41,74,0

CMYK: 6,16,86,0
CMYK: 94,100,38,4
CMYK: 23,86,29,0

CMYK: 43,11,88,0
CMYK: 29,53,0,0
CMYK: 1,51,90,0

这套服装展现出率性不羁的嘻哈风格，色彩鲜艳大胆，视觉冲击力较强，可以给人留下深刻的印象。长裤与外套上的豹纹印花，增强了服装的设计感，使服装更加时尚、大胆。

CMYK: 76,77,33,0
CMYK: 19,79,1,0
CMYK: 11,90,69,0

色彩点评

■ 粉色通常给人可爱、甜美的感觉，在这套服装搭配中，粉色鲜艳、醒目，与深紫色形成鲜明对比，活跃、率性。

■ 深紫色明度较低，神秘、沉着，搭配豹纹印花，使服装更具较强的视觉冲击力。

推荐色彩搭配

C: 4	C: 86	C: 5	C: 92	C: 22	C: 5	C: 9
M: 60	M: 82	M: 64	M: 77	M: 0	M: 64	M: 46
Y: 6	Y: 82	Y: 77	Y: 93	Y: 49	Y: 51	Y: 5
K: 0	K: 70	K: 0	K: 71	K: 0	K: 0	K: 0

这套服装，红色的上衣醒目、鲜艳，具有较强的视觉吸引力。黑色破洞牛仔裤叠穿浅色工装裤，个性十足、时尚前卫，极具视觉冲击力。

CMYK: 7,93,87,0
CMYK: 76,73,64,32
CMYK: 17,13,12,0

色彩点评

■ 红色热情、张扬，红色上衣纯度较高，极为醒目、刺激。

■ 黑色沉稳、冷静，而红色张扬、热情，搭配在一起，经典、简练。

■ 黑色与白色搭配在一起，简洁大方，同时黑白两种无彩色的搭配，减弱了红色带来的刺激感。

推荐色彩搭配

C: 10	C: 12	C: 12	C: 89	C: 9	C: 6	C: 67	C: 94	C: 65	C: 29	C: 1	C: 35
M: 53	M: 3	M: 36	M: 87	M: 76	M: 24	M: 16	M: 100	M: 11	M: 53	M: 51	M: 20
Y: 53	Y: 56	Y: 10	Y: 86	Y: 56	Y: 31	Y: 69	Y: 38	Y: 25	Y: 0	Y: 90	Y: 96
K: 0	K: 0	K: 0	K: 77	K: 0	K: 0	K: 0	K: 4	K: 0	K: 0	K: 0	K: 0

第6章

服装与服饰的类型

　　服装，是衣服、鞋子、包包以及各类装饰品的总称，但多数时候是指穿着在人体上，起到保护和装饰作用的衣服。服装种类众多，由于服装的基本形态、用途、品种、类别、材料等因素的不同，可以将服装分成不同的类别。如根据性别划分，可将服装划分为男装、女装和中性服装。若是根据用途划分，可分为日常服装、社交服装(礼服、婚纱等)、装扮服装等。

　　服饰，是指衣着和装饰，是包括服装、鞋、帽子、袜子、手套、围巾、领带、眼镜、配饰、包包等在内的用于装饰人体的物品总称。随着时代的发展与人们对服饰要求的多样性，服饰的种类也更加丰富。

6.1　服装类型

　　服装种类众多，由于服装的用途、材料、品种等元素的不同，可采取不同的分类方式将服装划分为不同的类别。例如根据年龄划分，可分为童装、青年装、成年装和老年装；根据性别划分，可分为男装、女装和中性装；根据用途划分，可分为日常穿着的家居装、运动装、休闲装和社交场合穿着的礼服、婚纱等。任何分类方式，都要准确把握服装的用途、穿着者的角色和服装的定位。

6.1.1 上衣

上衣是指穿在身体上部的服装。根据面料、造型、用途等因素的不同，可分为T恤、衬衫、针织衫、吊带/背心、马甲、卫衣、西装等。

雪纺面料具有轻薄通透、轻盈飘逸的特点，这件雪纺衫更好地展现出穿着者优雅、柔美的气质。由于雪纺面料质地柔软、悬垂性较好，因此灯笼袖的设计不仅不显累赘，反而给人以顺滑而下的流畅感，前襟处超大号的蝴蝶结为服装增添了一丝甜美感。

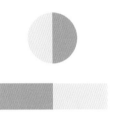

CMYK: 8,24,20,0
CMYK: 1,5,6,0

色彩点评

■ 这件雪纺衫整体为裸粉色，没有多余的色彩，简洁大方，展现出温柔、端庄的气质。

■ 甜美的裸粉色与轻薄通透的雪纺面料结合，使粉色更显通透、梦幻。

■ 裸粉色上衣搭配金属色亮面半身裙，整体服饰明度较高，视觉吸引力较强，可以更好地展现出女性温柔、优雅的内涵。

这件上衣带有维多利亚风格服饰的蕾丝、褶皱等元素，既不显繁复，在浪漫中又带有复古的韵味。蕾丝既是浪漫的承载物，也是展示女性特点的重要元素。前襟处的蕾丝花纹向下延展，可以很好地引导观者的视线，起到修身显瘦的作用。服装各处的立体花朵与暗纹构成了完整的花卉图案，生动、立体，增强了服装的设计感与立体感。上衣下摆与袖口处的镂空蕾丝为服装增添了一抹神秘与诱惑的色彩。

CMYK: 2,4,4,0
CMYK: 83,82,80,67

色彩点评

■ 白色的上衣简洁大方，不需要过多缀饰，就可以给人优雅、大方的感受。

■ 蕾丝面料与白色结合，不显繁复的同时更具浪漫气息。

■ 服装整体明度极高，给人明亮、愉悦的视觉感受。

这件短袖T恤是较为修身的款式，可以很好地突出穿着者的身材线条，展现出男性硬朗、阳刚的气质。整体以深紫色为主色，黄色和灰色为辅助色，增强了服装的层次感与冲撞感，极具视觉冲击力。

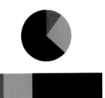

CMYK: 54,44,44,0
CMYK: 5,25,84,0
CMYK: 77,91,58,36
CMYK: 56,98,100,49

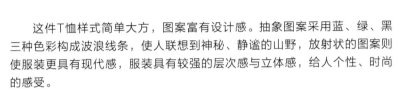

这件T恤样式简单大方，图案富有设计感。抽象图案采用蓝、绿、黑三种色彩构成波浪线条，使人联想到神秘、静谧的山野，放射状的图案则使服装更具有现代感，服装具有较强的层次感与立体感，给人个性、时尚的感受。

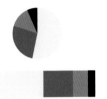

CMYK: 5,1,1,0
CMYK: 81,29,58,0
CMYK: 64,13,15,0
CMYK: 90,84,82,73

这款两件套上衣由短袖羊毛套衫和长袖组成，内搭的长袖既保证了服装的保暖性，又增强了服装的时髦感。重褐色的服饰在秋冬穿着给人厚重、温暖的感受。

CMYK: 60,67,93,25
CMYK: 39,32,27,0
CMYK: 87,7855,22

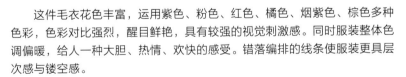

这件毛衣花色丰富，运用紫色、粉色、红色、橘色、烟紫色、棕色多种色彩，色彩对比强烈，醒目鲜艳，具有较强的视觉刺激感。同时服装整体色调偏暖，给人一种大胆、热情、欢快的感受。错落编排的线条使服装更具层次感与镂空感。

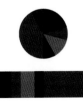

CMYK: 49,100,79,20
CMYK: 6,94,96,0
CMYK: 3,62,82,0
CMYK: 66,91,88,62
CMYK: 42,72,89,4
CMYK: 48,98,17,0

6.1.2 外套

　　外套是指穿着在身体最外部的服装，又称作大衣。外套主要起保暖抗寒的作用，通常尺寸较大，可以覆盖住上身穿着的其他服装。外套一般包括西装外套、休闲外套、牛仔外套、风衣、夹克、连帽外套、运动外套、薄外套、长外套、短外套、棉衣、羽绒服、呢大衣、斗篷、开衫等。

　　这件外套皮面光洁，内侧的长毛绒手感柔软，具有较强的保暖性，穿着舒适、大方、时尚。服装上口袋、拉链的设计增强了服装的休闲感，袖口及腰部的系带设计使服装更具休闲风格的随性与张扬，给人青春、潮流、时尚的感受。

CMYK: 22,46,33,0
CMYK: 93,88,87,78

色彩点评

▓ 服装整体呈粉色，没有多余色彩，给人简洁、大方的感受。

▓ 服装明度适中，整体和谐、自然。

▓ 皮带采用与服装同样的色彩，保持了服装色彩的统一、和谐。

　　这件外套由牛仔布制成，质地紧密厚实，穿着舒适，易于保存，经水洗后也不会大幅度掉色缩水。服装上还印染了各种英文字母，增强了服装的设计感。在服装的肩部、前襟、袖口等处镶嵌有排列有序的铆钉，利用铆钉增强了服装的韵律感，使服装更加个性、时尚。

CMYK: 46,28,16,0
CMYK: 82,78,76,58
CMYK: 16,30,75,0
CMYK: 6,92,84,0
CMYK: 84,36,63,0

色彩点评

▓ 牛仔外套整体呈淡蓝色，可使穿着者更加青春、年轻。

▓ 服装整体明度适中，视觉刺激性不强，给人自然、舒适的视觉感受。

▓ 铆钉的金属色与文字的黑色作为服装的点缀色，与服装的色彩形成鲜明的对比，丰富了服装的色彩，增强了服装的层次感与立体感。

这件针织开衫尺寸较长，可以很好地起到保暖的作用。版型宽松，穿着后便于活动，是作为居家穿着的良好选择。服装色彩饱和度较低，不同的色块之间形成对比，既丰富了服装的色彩，又给人以和谐、舒适的视觉感受。

CMYK: 67,46,27,0
CMYK: 24,19,14,0
CMYK: 27,36,28,0
CMYK: 0,8,2,0
CMYK: 98,89,59,38

这件呢大衣质地柔软厚重，保暖性较强，穿着舒适。版型挺括，服装贴合肩部，突出肩部的宽阔，纽扣收束腰部，穿着后可以很好地修饰男性挺直、修长的身体线条。

CMYK: 96,90,54,28
CMYK: 40,31,23,0
CMYK: 68,77, 73,42

这件风衣版型挺括，修身的版型可以很好地展现出女性的修长身形，更显潇洒风度与迷人的气质。整齐的裁剪将服装分成不同的区域，构成的色块拼接增强了服装的对立感，使服装极具视觉吸引力。袖口处的系带设计收拢袖口，增强了服装的设计感。服装色彩明度较低，给人沉稳、成熟的感受。

CMYK: 42,40,54,0
CMYK: 73,67,65,23
CMYK: 28,42,71,0

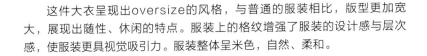

这件大衣呈现出oversize的风格，与普通的服装相比，版型更加宽大，展现出随性、休闲的特点。服装上的格纹增强了服装的设计感与层次感，使服装更具视觉吸引力。服装整体呈米色，自然、柔和。

CMYK: 25,24,30,0
CMYK: 77,74,65,33
CMYK: 65,62,68,15

6.1.3 裙装

　　裙子包括连衣裙、半身裙、短裙、裤裙等。裙子是日常生活中较为常见的服装，具有通风散热、穿着便利、美观、样式丰富等优点，深受女性喜爱。

　　这款连衣裙由棉织物制成，质地柔软细腻，穿着舒适，不易抽丝，布面染色均匀，穿着自然、舒适。版型修身，突出身体曲线，可以更好地展现女性魅力。衣袖由薄纱制成，轻薄透明，灯笼袖的设计使服装更加飘逸、浪漫。

CMYK: 89,85,78,70

色彩点评

■ 服装整体采用黑色，营造出一种神秘、优雅的视觉效果。

■ 服装明度极低，视觉冲击性不强，给人自然、舒适的视觉感受。

■ 服装整体没有多余的色彩，简洁大方，衣袖的薄纱透出肤色，使穿着者更加时尚、性感、迷人。

　　这件短裙呈A字形，版型挺括，高腰的设计拉长了身材比例，裙摆由腰部向下逐渐放宽，引导观者的视线向下集中在腿部，以突出穿着者的腿部。服装上没有其他的装饰物，样式简单、大方、简洁、休闲。

CMYK: 5,56,24,0
CMYK: 87,79,88,71
CMYK: 7,39,81,0
CMYK: 13,71,60,0
CMYK: 26,75,21,0

色彩点评

■ 服装整体采用粉色，虽然没有过多色彩，却更加活泼、青春。

■ 短裙搭配花色丰富的针织衫，色彩绚丽、醒目，给人华丽、夺目的视觉感受。

■ 服装的色彩纯度较高，透露出一丝活跃、青春的气息。

这件牛仔短裙贴合身形，能勾勒出姣好的身体曲线。整体呈深蓝色，稳重、大方。通过水磨、砂洗等工艺制造出的破洞与刮痕增强了服装的叛逆感与不羁，给人随性、休闲、青春的感受。

CMYK: 4,2,0,0
CMYK: 92,87,56,31
CMYK: 4,49,4,0

这件亚麻连衣裙质地柔软、轻薄，良好的吸湿吸热性使它适宜在夏季穿着。V形领的设计拉长了颈部线条，更加突出穿着者的颈部及锁骨。服装两侧及裙摆处的镂空部分采用蕾丝面料，增强了服装的设计感与时尚感，宽松的版型以及明亮的色彩使服装呈现出浪漫不羁的波西米亚风格。

CMYK: 10,31,69,0

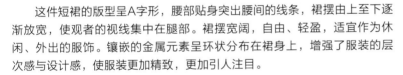

这件短裙的版型呈A字形，腰部贴身突出腰间的线条，裙摆由上至下逐渐放宽，使观者的视线集中在腿部。裙摆宽阔，自由、轻盈，适宜作为休闲、外出的服饰。镶嵌的金属元素呈环状分布在裙身上，增强了服装的层次感与设计感，使服装更加精致，更加引人注目。

CMYK: 80,76,70,46
CMYK: 22,22,24,0
CMYK: 84,82,76,64

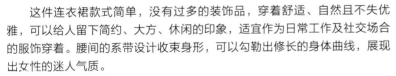

这件连衣裙款式简单，没有过多的装饰品，穿着舒适、自然且不失优雅，可以给人留下简约、大方、休闲的印象，适宜作为日常工作及社交场合的服饰穿着。腰间的系带设计收束身形，可以勾勒出修长的身体曲线，展现出女性的迷人气质。

CMYK: 15,11,11,0

6.1.4 裤子

  裤子是指穿着在身体腰部以下的服装，根据面料、款式、用途、穿着者角色的不同，可分为多种类别，包括直筒裤、休闲裤、牛仔裤、西裤、灯笼裤、阔腿裤、喇叭裤、铅笔裤、工装裤、运动裤、短裤、热裤、背带裤、裙裤等。而由于男女体形上的差异，裤子的结构存在一定差别，女裤的裤长与立裆在同样身高的条件下要大于男裤。

  这条百褶裤的褶皱设计增强了服装的层次感，使服装更具视觉吸引力。长裤质地柔软，悬垂性较好，穿着舒适，不会贴合在肌肤上。宽松的版型可以掩盖住腿部的不足之处，露出脚踝的长度可以在视觉上打造出修长的双腿。

CMYK: 11,35,17,0
CMYK: 1,1,0,0

色彩点评

■ 长裤整体呈豆沙粉色，舒适、自然，给人温柔、甜美的感受。

■ 服装上褶皱的设计增强了阴影的效果与服装的层次感，使之更具吸引力。

■ 粉色长裤搭配白色T恤，简单而不失大方，可以给人留下干净、利落的印象。

  这条九分工装裤在长度上露出纤细的足踝，拉长了身材比例，修饰了腿部线条，让修长笔直的双腿一目了然。工装裤面料质地较为厚重，版型挺括，不易变形，宽大的口袋使服装看起来更加潮流、个性十足，呈现出运动、休闲的风格，给人帅气、时髦、随性的感受。

CMYK: 79,74,67,38
CMYK: 87,83,77,66

色彩点评

■ 服装整体呈黑色，色彩明度极低，帅气、有型。

■ 银色的金属拉链作为服装的点缀，较为醒目，具有较强的视觉吸引力。

■ 黑色的工装裤搭配露脐短上衣，既打造出修长的身材比例，又使人更加帅气、利落、青春。

这条运动裤裤型宽松，质地柔软，吸湿吸汗；穿着舒适，不会带来束缚感，脚踝处收束裤管，更加便于活动，作为日常、休闲、运动、旅行等活动的服装是较好的选择。

CMYK: 2,3,0,0
CMYK: 84,81,73,58
CMYK: 41,100,100,7

这条阔腿牛仔裤裤长至地面，宽松的版型可以遮盖住双腿的不足之处，在视觉上打造出修长的双腿。高腰的设计搭配短款上装，拉长了身材比例，时尚、性感。服装呈灰蓝色，自然、低调。

CMYK: 87,76,27,0
CMYK: 42,27,11,0

牛仔面料的服饰适宜大多数人着装。这条牛仔短裤边缘通过割烂抽纱的工艺制作出毛边，增强了服装的活跃感，青春、活泼、年轻。服装呈浅蓝色，视觉刺激感较弱，不会与其他服装形成较大的冲突，可以搭配大多数休闲、运动、日常型的上衣穿着。

CMYK: 31,14,9,0
CMYK: 1,2,2,0

皮质面料由于自身所带的微微光泽感，搭配不好会在视觉上使人产生膨胀感；黑色在视觉上具有后退、凹进的作用，是最为显瘦的颜色；这条黑色皮质铅笔裤的版型是较为贴身的，穿着后可以突出腿部的线条，勾勒出纤长的双腿，带来惊人的视觉效果。

CMYK: 26,11,8,0
CMYK: 94,86,74,65

6.1.5 套装

　　套装通常由同种面料，色彩、风格、款式一致的上衣、裤子、裙子搭配而成。包括上下或内外分开的两件套服装，如上衣下裤的运动套装、休闲套装、西装套装；上衣下裙的职业套装；内外分开的衬衫与外衣、马甲与长裙等；上下或内外分开的三件套；在两件套的基础上加入背心或短款上衣，如三件套西装。套装可以采用不同的色彩与面料，但其风格、款式、色彩、配饰、图案等元素的搭配要求相对协调、一致、和谐，不可随意搭配。

　　这款套装的风格较为休闲，适合作为日常、出行、逛街等活动穿着。露脐上衣搭配短裤，既清凉又不会过于暴露，略显性感、活泼。服装上的白色格纹增强了服装的韵律感和层次感，使服装更具吸引力。上衣及短裤边缘的花边设计则为服装增添了一丝甜美气息。

CMYK: 89,84,85,75
CMYK: 9,7,7,0

色彩点评

- 服装的主色为黑色，整体明度较低，给人低调、安静的感受。
- 服装以白色作为辅助色，与黑色搭配在一起，黑白两色的搭配是最为经典的搭配方式，对比强烈，获得了醒目的视觉效果。
- 服装上没有其他装饰物，整体利落干净，搭配简单的包包或是饰品即可。

　　这款西装套装呈现为中性风格，西装外套尺寸较大，版型宽松，宽松的款式掩盖住女性的身体线条，模糊了明显的性别界限，干练、帅气。西装裤腿挽起使裤型更加挺直，修饰出修长笔直的腿部线条。服装下摆的毛边设计增强了服装的艺术感，使服装更加醒目，吸引力更强。

CMYK: 31,27,35,0
CMYK: 0,0,4,0

色彩点评

- 服装整体呈灰调的枯叶绿色，低调、内敛、沉着。
- 服装整体色彩明度适中，视觉冲击力较弱，给人自然、和谐的视觉感受。
- 白色是柔和、百搭的颜色，套装与简单的白色衬衫进行搭配，利落、干练、简约。

这款套装整体采用白色和粉色，风格优雅浪漫，突出了女性柔美与优雅的气质。服装整体明度较高，具有较强的视觉吸引力，可以给人留下温柔、优雅的深刻印象。

CMYK: 4,46,20,0
CMYK: 2,4,2,0

这款套装为通勤风格，上衣是较为正式的西装外套，作为白领女性在工作与社交场合的着装是较为适宜的。格纹的设计为服装增添了一些活跃感，穿着后既干练、优雅，又不失个性与时尚感。

CMYK: 45,98,80,11
CMYK: 81,77,67,42

运动套装的版型通常较为宽松，在袖口及裤脚处收紧，以免活动不便。这套运动风服装以粉色为主色，活泼、青春。上衣与长裤两侧的黑白色块增强了服装的动感与韵律感，使服装风格更加活跃，运动感十足。

CMYK: 21,51,32,0
CMYK: 85,82,76,64
CMYK: 0,0,0,0

这套西装整体呈棕色，可以展现出男性的成熟与稳重。上身西装采用浅色的条纹元素进行设计，丰富了服装的色彩，增强了服装的层次感与活跃感，减轻了服装的严肃、保守感。

CMYK: 68,75,77,44
CMYK: 52,73,80,15
CMYK: 3,12,9,0
CMYK: 4,14,44,0

6.1.6 礼服

礼服是指在正式的场合参与者穿着的服装，其特点是庄重、正式、严谨。女士礼服以裙装为基本款式，包括晚礼服、小礼服、婚礼服以及职业女性出席正式场合穿着的裙套装礼服，日间穿着的正礼服、准礼服以及晚间穿着的准礼服和正礼服等。男士礼服则包括燕尾服、平口式礼服、晨礼服和西装礼服等。

这款礼服呈现出中世纪华丽的宫廷风格，礼服裙摆宽度较大，裙长至地面，行走时摇曳生姿。服装上华丽复古的图案雍容、华贵，作为晚礼服穿着时可以让人联想到梦幻的城堡中尊贵的王后，给人华丽、浪漫、高贵的感受。

CMYK: 56,26,43,0
CMYK: 11,4,7,0
CMYK: 16,44,83,0
CMYK: 36,84,44,0

色彩点评

■ 服装整体呈绿色调，绿色使人平静、放松，给人以宁静、温和的视觉感受。

■ 礼服的面料带有光泽感，给人华丽的视觉享受，并留下高贵、典雅的印象。

■ 服装的图案色彩绚丽丰富，夺目耀眼，使服装更具有质感，服装极具艺术感，给人带来视觉上的盛宴。

这款晚礼服由丝质面料制成，质地柔软，轻薄透明，飘逸、端庄。礼服上大面积的刺绣增强了服装的层次感与设计感，使服装更加精致、唯美，花卉图案则使服装更加浪漫。

CMYK: 12,34,13,0
CMYK: 0,16,0,0

色彩点评

■ 服装整体呈淡粉色，结合丝质面料的透明感，浪漫、柔美。

■ 礼服上的刺绣采用粉白色，既与服装的色彩形成了一定的对比，又保持了整体色彩的和谐自然。

■ 礼服的明度较高，具有较强的视觉吸引力，观之使人悦目、明快。

这款礼服由丝质面料制成，质地柔软、轻盈通透，整体飘逸、优美。裙身大面积的刺绣花卉图案增强了服装的艺术感，使服装更加精致，使穿着者更加端庄、大气、典雅。

CMYK: 23,18,16,0
CMYK: 84,79,78,63
CMYK: 1,0,9,0

这款礼服的惊艳之处在于裙摆下方的流苏设计。礼服版型修身，描绘出修长的身体曲线，缀于下方的长长的流苏可使穿着者在行走间摇曳生姿。服装整体呈浪漫的淡紫色，流苏的色彩变幻，既展现出与服装同色的淡紫色，又显露出纯洁、柔和的白色，使服装更加淡雅、温柔、浪漫。

CMYK: 18,20,0,0
CMYK: 33,44,0,0
CMYK: 3,4,0,0

这款礼服采用丝缎面料制成，缎面光洁，廓形简洁利落，简单、纯粹。饰于礼服下摆的金属亮片元素，耀眼夺目。裙摆红色的薄纱层叠堆积，打造成凌乱的羽毛状，可使人联想到染血的白天鹅。下摆的凌乱感与软缎的整洁、优雅形成对比，使服装展现出矛盾的美感。

CMYK: 0,0,0,0
CMYK: 29,100,100,0

这款长礼服由缎面面料制成，并加入珠光层，在阳光下呈现出华丽、闪耀的效果，整体呈丁香紫色，展现出淡雅、浪漫的格调。上身的褶皱设计仿若羽翼，既增强了服装的美感，又引导观者的视线集中在腰间。服装下摆呈花瓣状散开，浪漫、典雅。

CMYK: 24,43,6,0

6.1.7 婚纱

　　婚纱是指新娘在婚礼仪式或婚宴时穿着的服装，既可指身上穿着的婚纱礼服，也可指包括捧花、头纱在内的服饰。由于文化、时代潮流、经济等因素的变化，婚纱的颜色、款式也变得更加丰富多变。婚纱的主要类型有齐地婚纱、蓬蓬裙型婚纱、A字形婚纱、直身婚纱、连身婚纱、大拖尾婚纱、小拖尾婚纱、珠绣婚纱、吊带婚纱、抹胸婚纱、素面婚纱、公主型婚纱、高腰线型婚纱等。

　　这件露背款婚纱使新娘在穿着后展现出性感、迷人的气质。婚纱肩部、后腰处以及下摆处采用贴布绣花的工艺绣制花卉图案，增强了服装的立体感与美感，使婚纱更加精美。婚纱采用双层面料制作，内层肤色面料自然柔顺，不会造成臃肿感。外层薄纱的网状刺绣纹理呈现出碎裂的美感，给人华丽的视觉感受。

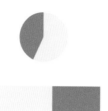

CMYK: 2,4,2,0
CMYK: 25,31,24,0

色彩点评

- 婚纱整体采用白色，圣洁、优雅。
- 整体明度极高，具有较强的视觉吸引力，使人观之明快、愉悦。
- 婚纱内层的肤色面料自然、柔和，与白色外纱搭配在一起，可给人留下端庄、优雅的印象。

　　这件抹胸款的婚纱造型别致，色彩淡雅，梦幻、浪漫。薄纱质地轻薄透明，裙摆处的多层薄纱增强了服装的飘逸感。上身的贴片刺绣使婚纱更加精致、唯美，增强了服饰的立体感，营造出华丽的视觉效果。

CMYK: 37,25,4,0
CMYK: 1,0,0,0

色彩点评

- 服装的主色为淡蓝色，色彩纯度较低，明度适中，整体梦幻、淡雅。
- 婚纱上半身的刺绣呈白色，白色温柔、圣洁，与淡雅的蓝色搭配在一起，更加优雅、梦幻。
- 由于薄纱轻薄透明的特性，使服饰更加朦胧、清透，给人愉悦、舒适的视觉感受。

这款婚纱由蕾丝面料和薄纱制成，裙身华丽的花纹仿佛少女梦中梦幻的仙境，搭配白色的裙身，梦幻、纯洁。婚纱裙摆粉色的薄纱层叠繁复，宛若公主般轻盈、梦幻。

CMYK: 3,2,2,0
CMYK: 10,21,18,0

这款套装呈现出一种通勤风格，上衣是较为正式的西装外套，作为白领女性在工作与社交场合的着装是较为适宜的。格纹的设计为服装增添了少许活跃感，穿着后既可给人留下干练、优雅的印象，又不失个性与时尚感。

CMYK: 0,0,0,0

这款婚纱由软缎面料制成，缎面光洁、富有光泽，庄重、大气，而一字形的款式展现出修长的脖颈和锁骨，突出穿着者性感、活跃的一面。裙摆外围的薄纱绣满花卉图案，使服装更加唯美、艺术，给人浪漫、优雅、唯美的感受。

CMYK: 6,6,5,0

这款婚纱由轻薄的纱质面料制成，内层呈棕色，呈现出一种透视感。外层的白色薄纱上绣有大面积的植物图案，梦幻、浪漫。腿部的开衩设计可以更好地展现出新娘的腿形。

CMYK: 4,3,3,0
CMYK: 57,64,67,9

6.1.8 童装

童装，即儿童服装，是指儿童穿着的服装。根据年龄划分，童装可分为婴儿装、幼儿装、小童服装、中童服装、大童服装等。与成人服饰相比，童装的面料要求更高，既要确保材料的天然、安全、环保，以免对儿童的健康造成危害；又要保证穿着舒适、美观。

学院风的服装配色自然，样式简单，一般能展现出青春、活力的校园风格。这套童装款式简单，没有过多装饰，呈现出明显的学院风格。领口处的领结使服装更加活泼，带有青春、单纯的气息。服装为纯棉面料，质地柔软，不会对儿童的皮肤造成伤害。

CMYK: 1,0,0,0
CMYK: 90,87,56,30
CMYK: 9,9,9,0

色彩点评

- 长袖上衣以深蓝色为主色，色彩纯度较高，整体优雅、沉静。
- 米白色长裤搭配深蓝色上衣，柔和、自然的白色搭配深邃的蓝色，给人自然、简单、利落的感受。
- 服装衣领采用白色，与深蓝色的上衣形成对比，白色明度较高，在深蓝色的衬托下，更加吸引视线。

这款连体服由棉织物制成，保暖性较好，质地柔软，穿着舒适，具有较好的吸湿、吸热性。透气性好，就不会伤害儿童皮肤。款式简单、宽松，便于脱换。帽子上动物耳朵的设计增强了服装的趣味性，使之更富有童趣。

CMYK: 7,29,11,0
CMYK: 49,57,78,4

色彩点评

- 服装以粉色为主色，色彩柔和、清新，给人单纯、天真的感受。
- 服装整体明度较高，给人以愉悦、明快的视觉感受，视觉吸引力较强。
- 帽子上的棕色毛领与耳朵的设计结合在一起，使服装呈现出动物的造型，展现出儿童好奇、童趣的心性。

这套童装适宜3～5岁的小童穿着，纯棉面料质地柔软，穿着舒适，天然健康，吸湿、吸热性强，不易掉色，不会对儿童的皮肤和健康造成影响。迷彩的图案也符合这个年龄段男孩好奇、冒险的天性。

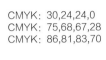

CMYK: 30,24,24,0
CMYK: 75,68,67,28
CMYK: 86,81,83,70

这款连体裤适宜1～3岁的幼儿穿着，面料柔软，款式宽松，穿着舒适，暗蓝的色彩与牛仔面料的色彩接近，耐脏且不易掉色，既便于儿童活动，又不会危害儿童健康。肩部的蝴蝶结增强了服装的活泼感，带有明显的性别倾向。

CMYK: 51,27,16,0

这款连衣裙适宜4岁左右的幼儿穿着，面料柔软易洗，款型宽松活泼，穿着舒适。服装色彩鲜艳，图案精致，泡泡袖的设计使服装更具少女心，显得十分甜美、可爱。

CMYK: 6,90,72,0
CMYK: 5,5,7,0
CMYK: 71,78,77,50

这款套装适宜6～11岁的中童穿着，这一年龄段的儿童，体形已经发生变化，变得更匀称，儿童也有了更明确的自身喜好，服装不再是鲜艳、醒目的色彩，更多的是接近成人的简单色彩与款式。棉麻面料质地柔软细薄，吸湿、吸热性强，色彩朴素、低调，款式简单大方，呈现出森林感的风格，单纯、自然。

CMYK: 41,51,62,0
CMYK: 23,30,33,0

服饰，是包括衣着和装饰在内的用于装饰人体的物品的总称。本章所指的服饰，是指服饰中的附属品以及装饰品，如鞋、包、帽子、袜子、围巾、手套、领带、眼镜、首饰、头饰、腰带等。随着时代潮流的发展和人们对于服饰美观性要求的提升，配饰的种类与外观也更加丰富精致。

6.2.1　鞋

鞋，是指穿着在脚上，便于人行走的物品，具有保护脚部的作用。根据穿着的对象、材料、款式、用途、季节等因素的不同，可分为不同的类别。常见的鞋子有皮鞋、运动鞋、户外鞋、高跟鞋、帆布鞋、拖鞋、登山鞋、休闲鞋、靴子等。

这款马丁靴鞋面采用真皮制成，皮面光洁，平滑耐磨，不易撕裂，透气性好，内里带有绒毛，保暖性较强，橡胶鞋底耐磨，弹性较好，不易断裂，吸湿性较好，穿着舒适。从外观来看价值感较高，缺点是鞋子质量较重，不易保养。鞋跟高度为30mm，穿着后给人舒适、愉悦的体验。金色饰面帅气、利落、时尚。

色彩点评

- 鞋子以黑色为主色，明度较低，整体深邃、前卫、帅气。
- 鞋身的金色饰面与黑色的鞋身搭配在一起，使鞋子更具神秘、华贵的气息。
- 白色鞋带与黑色鞋身形成对比，鲜活醒目。

CMYK: 92,87,87,78
CMYK: 29,53,100,0
CMYK: 0,0,1,0
CMYK: 32,98,92,1

这款纱网系带高跟凉鞋质量较轻，穿着舒适，纱网轻薄，透气性较好。鞋面与鞋跟的烫钻工艺使鞋子更加精致、华丽。交叉绑带的款式贴合脚部与脚踝，穿脱灵活方便。

色彩点评

- 鞋子整体呈肤色，给人自然、柔和的视觉感受。
- 鞋面丰富的碎钻富有光泽，使之更加华丽、唯美。

CMYK: 6,20,27,0
CMYK: 9,7,7,0

布洛克鞋是浪漫、优雅的绅士的代表，这款男士皮鞋鞋面由硬牛皮制成，深邃的褐色成熟、稳重。鞋头处的装饰孔眼和锯齿状拼接造型精致，款式经典复古。亮蓝色鞋跟和鞋带则为其增添了一丝活跃性，足够吸引眼球。

CMYK: 71,81,70,45
CMYK: 79,42,4,0

这款运动鞋鞋面融入Knitposite（热熔织物）材质，不仅耐用性和支撑力较强，而且又保持了灵活性。Knitposite材质采用简单的白色覆盖整个鞋面，后跟的橙色气垫增强了鞋子的活跃感，给人青春、悦动的感受。

CMYK: 2,2,0,0
CMYK: 8,65,90,0
CMYK: 42,8,28,0
CMYK: 26,53,14,0

这双过膝长靴采用绒面革制成，质地柔软，穿着舒适，吸湿、吸热性较好，鞋跟较矮，长时间行走后也不会造成较强的疲劳感。鞋身呈浅棕色，大气、复古，可与牛仔裤或半身裙等各类服饰搭配。

CMYK: 38,57,62,0

这款乔其纱绑带短靴展现出自由、浪漫的风格。乔其纱质地柔软，轻薄透明，由其制作的饰物飘逸、浪漫。短靴整体呈豆沙色，纯度较低，显得非常温柔、甜美，搭配雪纺面料的服饰是不错的选择。

CMYK: 19,28,26,0

6.2.2　包包

　　包包，是指随身携带用于放置个人用品的物品，一般包括钱包、钥匙包、零钱包、手拿包、拎包、背包、挎包、公文包、摄影包、休闲包、化妆包等。对于女性而言，它不仅是用来放置随身物品的工具，也是体现身份、地位、性格的装饰品。当出席晚宴等重要场合时，女性多会手持一个精致迷你的手包。本节所讲的包包是指用来修饰服装的附属品，按照样式划分，包括单肩包、双肩背包、斜挎包、手提包以及化妆包等。

　　这款帆布手提包采用编织帆布制成，品牌标志性的红底元素展现在手提包上。珠饰图案显露出浪漫自由的异域风情，流苏珠饰图案使包包更具活跃性与动感。手柄处附有柔软的皮革内衬，不会磨损手部皮肤，整体给人浪漫、自由的感受。

CMYK: 86,82,82,70
CMYK: 34,100,100,1
CMYK: 0,1,3,0

色彩点评

■ 包包以黑色为主色，明度较低，神秘、深邃。

■ 包包的彩色流苏边饰采用红白两色，与黑色对比强烈，鲜艳醒目，视觉冲击性较强。

■ 包包整体色彩较为内敛、深邃，适宜与深色服装搭配。

　　这款手拿包呈蜜桃形状，以玫瑰金黄铜制成，手工镶嵌了闪亮的水晶，造型别致有趣，给人以艺术品的感觉。内里采用金色的皮革，可放置较为小巧的随身物品。包包上还可以装上包链，挂肩携带。

CMYK: 9,40,26,0
CMYK: 77,35,73,0
CMYK: 0,38,72,28

色彩点评

■ 包包以玫瑰金作为主色，搭配蜜桃的形状，给人活泼、甜美的感受。

■ 包包上绿色的叶状装饰物使包包更加生动、精致，给人舒适、生动的视觉感受。

■ 包包上缀满的钻石在阳光下更加耀眼夺目，具有较强的视觉吸引力。

这款缎布单肩包采用缎面面料手工制成，点缀有飘逸的羽毛，整体灵动、飘逸，极具风情。肩带以人造珍珠和金色珠饰串成，给人华丽、奢华的视觉感受。这款包包的内部空间足够容纳随身物品。

CMYK: 0,10,12,0

这款绒面革单肩包由黑色绒面革制成，表面光洁坚韧，不易磨损。包身的刺绣具有自由、浪漫的草原风格，色彩鲜艳，同点缀的宝石搭配在一起更显华丽。无论是斜挎还是单肩使用，都是较好的选择。

CMYK: 83,79,77,61
CMYK: 73,51,0,0
CMYK: 47,78, 68,7
CMYK: 8,10,21,0

这款手拿包采用金色金属制成，盒式包身上以冷珐琅工艺绘出具有抽象几何感的海洋风图案。图案精致，配色浪漫，既是一件时尚单品，又是一件做工精致的艺术品，无论是拿在手中还是挂在肩头，都可以吸引观者的视线，给人留下优雅、时尚的深刻印象。

CMYK: 100,90,17,0
CMYK: 11,13,20,0
CMYK: 28,99,100,0
CMYK: 27,39,61,0

这款皮革腰包采用绗缝皮革精心制成，表面光滑耐脏，易于清洗。米色包身优雅、内敛，穗饰和包身同色。腰包内部空间紧凑，可以放置常用的卡片、手机和唇膏等物品。无论是系在腰上、拿在手中，或是轻松斜挎，都可以使人显得时尚、经典。

CMYK: 20,33,54,0
CMYK: 19,30,36,0

6.2.3 帽子

　　帽子是指戴在头部的服饰，大多可以覆盖住整个头顶，起到保护头部的作用。帽子种类丰富、形状多变，还具有修饰服装的作用。根据款式的不同可分为贝雷帽、鸭舌帽、礼帽、草帽、毡帽、无边帽、棒球帽等。

　　这款缎布边饰编织的草帽色调淡雅，通风透气，在炎炎夏日中带来清爽的感受。亮泽的缎布边悉心绑成超大的蝴蝶结，给人留下更加深刻的印象。草编的纹理搭配柔和色调的服饰，演绎出浪漫、自由的田园风情。

CMYK: 22,15,1,0
CMYK: 85,81,56,26

色彩点评

- 这顶草帽整体呈淡蓝色，色调清新、柔和，给人自然、舒适的视觉感受，并给人留下典雅、温柔的印象。
- 蝴蝶结绑带采用深蓝色，色彩纯度较高，视觉效果较为强烈，并与淡蓝色的帽身保持了和谐、自然的状态，使帽子更加吸睛。
- 帽身色彩清爽、自然，既典雅、温柔，又可使人感受到清凉、舒爽。

　　这款贝雷帽来自巴黎，由棉和羊毛混纺制成，质地柔软，手感细腻，质量适中，既轻便，又具有较好的保暖性。帽身织有千鸟格花纹，经典、优雅。搭配黑白纯色外套，更好地演绎出秋冬格调。

色彩点评

- 帽身采用米白色和近似黑色的深棕色进行搭配，对比鲜明，带来夺目的视觉效果，具有较强的视觉冲击力。
- 千鸟格纹经典复古，大方、优雅。

CMYK: 2,5,9,0
CMYK: 75,75,75,47

简洁大方的款式向来是喜好运动、休闲风服饰的人的选择。这顶棒球帽款式简单，没有多余的装饰品；整体为粉色，仅在帽子的前片印有蓝色的英文字母，粉色与蓝色的搭配对比柔和，给人清新、休闲的感受。

CMYK: 95,89,35,2
CMYK: 24,40,22,0

经典的贝克男孩帽演绎出复古、传统的格调。这款帽子由棉斜纹布缝制而成，在帽檐处镶有金色戒指，具有方向性的指示含义。帽身绣有独特的花押字，时尚、新颖。帽身整体为米白色，色调柔和自然，给人简单、纯粹的视觉感受。

CMYK: 7,8,11,0

这款费多拉帽由黑色羊毛毡精心制成，质地柔软，佩戴舒适。帽围处的黑色绢网与帽身浑然一体，绢网上的人造珍珠缀饰色泽细腻、莹亮饱满，覆于黑色帽身之上，呈现出悬浮般的视觉效果。

CMYK: 85,81,83,70
CMYK: 2,4,6,0

这款帽子采用蕉麻织物制成，帽身呈优雅的碟形。轻薄通透的绢网边饰、柔顺蓬松的羽毛以及精致生动的刺绣更为其增添了浪漫、柔美的韵味。帽檐之下还设有隐形发梳，可以更好地固定住此帽。可从任意角度佩戴此帽，显露出优美动人的脸部线条。

CMYK: 10,41,35,0
CMYK: 18,59,75,0
CMYK: 77,82,91,68

6.2.4 眼镜

眼镜是戴在眼睛前方，用于改善视力、保护眼睛的物品。如今的眼镜，不仅作为一种医疗器具被运用，更是一种装饰用品，是时装的一部分。一副精致的眼镜搭配适宜的妆容与服装，可以更好地展现穿着者优雅不凡、举止有度的个人魅力。根据镜架形状的不同，可分为蝴蝶形眼镜、猫眼形眼镜、圆形/椭圆形眼镜、方形眼镜以及不规则形眼镜。

这副蛇形框架眼镜以亚当与夏娃的故事为灵感来源，蜿蜒的蛇臂上装饰有切割为椭圆形的翡翠，璀璨夺目，充满诱惑。光洁的苹果垂挂于蛇尾，象征着伊甸园中的禁果。镜架上闪耀的宝石和黄金使其更加奢华、贵重，营造出华丽、震撼的视觉效果。

CMYK: 35,62,98,0
CMYK: 80,39,87,1
CMYK: 51,96,97,31
CMYK: 4,5,6,0

色彩点评

- 镜架整体由黄金铸造，色泽亮丽，闪耀夺目，给人华丽、高贵的感受。
- 镜腿镶嵌的翡翠呈现为明亮的绿色，色泽通透，清新、典雅，冲淡了黄金的奢华感。
- 单品光泽亮丽，具有惊人的视觉效果，视觉吸引力极强。

这款太阳镜采用透明镜片进行设计，与普通太阳镜的有色镜片不同，可作为日常穿搭的配饰进行佩戴。除了吸睛的金色金属框架之外，在镜头周围还设计有同心圆。在日常着装中，将它与中性色调服装和有色珠宝搭配在一处，可以轻松地展现出时尚、个性的品位。

CMYK: 12,32,63,0
CMYK: 23,39,10,0

色彩点评

- 镜架整体为金色，光泽耀眼，璀璨夺目，给人一种张扬、随性的感受。
- 眼镜脚套处覆盖有粉紫色的半透明晶体，为配饰增添了一丝优雅与梦幻。

这款太阳镜呈蝴蝶形，线条流畅自然，造型精致。眼镜采用深色尼龙偏光镜片制作，佩戴后可以在夏季午后的沙滩上自由享受温暖的阳光，减弱刺目的阳光的侵扰。镜架上涂有珠光材料，在阳光照射下闪耀夺目，不仅视觉吸引力较强，而且自由、浪漫、时髦。

CMYK: 68,77,84,51
CMYK: 55,94,93,43
CMYK: 23,36,49,0

这款猫眼太阳镜采用黑色偏光镜片，能够有效地阻挡阳光的照射，减少阳光对眼睛的伤害。猫眼形镜架线条圆润流畅、美观、时尚，展现出女性妩媚、迷人的气质，低调的黑色使其更加优雅。

CMYK: 93,87,89,80

这款太阳镜采用透明偏光镜片制成，搭配日常着装，既不会过于醒目，又不会对日常活动造成影响。镜圈呈六边形，与圆形眼镜相比更具棱角感，独特、个性，具有较强的视觉吸引力。

CMYK: 3,5,11,0
CMYK: 17,30,33,0

这款超大号的太阳镜呈方形，方形的镜框具有的棱角感，可以修饰脸形，使人更加凌厉、个性。镜圈采用黑色与白色进行设计，对比强烈，带来醒目、惊奇的视觉效果。独特的造型很容易吸引观者的视线，成为人们关注的焦点。

CMYK: 89,86,86,77
CMYK: 0,0,0,0

6.2.5 发饰

发饰是指用来装饰头部及头发的饰品。发饰的材料、种类、款式各有不同，可根据具体的发型与服饰选用。发饰一般包括发圈、发梳、发簪、发夹、发卡、发带、发箍、发绳、头冠等。

这款发卡采用绢网和各色宝石精心制成，绢网质地轻薄通透，飘逸、梦幻。发卡上镶嵌有闪耀的各色宝石，造型精致、华美。搭配简单的妆容和浅调的服饰就可以轻松展现出优雅、大方的气质。

CMYK: 1,1,2,0
CMYK: 80,78,67,44
CMYK: 22,41,25,0
CMYK: 33,44,84,0
CMYK: 44,31,15,0

色彩点评

- 白色的绢网柔和通透，纯洁、典雅。
- 宝石色彩丰富、光泽亮丽，给人华丽、夺目的视觉感受，具有较强的视觉冲击力。
- 发卡款式别致，搭配简约、大方的服装款式就可以产生惊人的视觉效果。

这条薄纱丝带悉心绑成蝴蝶结，给人甜美、温柔的感受。薄纱面料质地柔软、轻薄通透，带有一种梦幻、飘逸的格调。薄纱上嵌有莹亮的人造淡水珍珠，光洁明亮，使发饰更具视觉吸引力，佩戴后能展现出优雅、温柔的气质。

CMYK: 1,1,2,0

色彩点评

- 发饰整体呈白色，纯粹、纯净，给人优雅、圣洁的感受。
- 白色是明度最高的色彩，具有较强的视觉吸引力，白色的发饰与发色形成鲜明对比，更加吸引观者的眼球。

丝巾质地轻盈，悬垂性较好，佩戴后与长发一同垂下，轻风吹拂时更加迷人。丝巾图案华丽繁复，色彩丰富，带有自由浪漫的波西米亚风情，热情、潇洒。边缘处的流苏设计使其更加精致。

CMYK: 22,43,19,0
CMYK: 2,2,8,0
CMYK: 78,69,58,19

羽毛是流行的装饰元素之一，羽毛轻盈飘逸，佩戴后给人轻盈、自由的感受。这只发夹采用人造羽毛组合而成，并饰有珠串。羽毛的花色通过印染工艺制成，图案华丽，仿若鸟类艳丽的尾羽。冰蓝色与白色的搭配清新、柔和，佩戴后给人活泼、自由、靓丽的感受。

CMYK: 5,4,4,0
CMYK: 71,32,23,0
CMYK: 49,65,82,7
CMYK: 68,67,71,26

这款发饰由镀金金属制成，海星与海螺的造型细腻别致，使人联想到广阔、悠远的海洋。清爽的海洋元素与发饰的金属质感产生矛盾、冲突的美感，佩戴后给人冷艳、张扬的感受。

CMYK: 22,37,53,0

盘发的造型装饰有鲜活的花草饰品，可以使造型更加唯美、精致，富有自然气息。将花草作为装饰品佩戴，可使造型更加醒目，并增强整体着装的视觉吸引力。花草的色彩柔和、清新自然，可以给人带来舒适、和谐的视觉感受。

CMYK: 3,2,2,0
CMYK: 44,11,93,0
CMYK: 16,47,22,0

6.2.6 首饰

首饰,原指佩戴于头部的装饰品,现泛指对服装起到装饰作用的各种配饰,多由贵重金属、宝石、玉石、珍珠加工而成。首饰不仅具有装饰服饰的作用,还可以表现出穿戴者的身份地位以及财富状况等。首饰一般包括项链、耳环、胸针、手表、手链/手镯、戒指、臂环等。

这款手链形似精致纤细的花枝,枝条部分采用金色金属线制成,枝丫末端点缀着精致的淡水珍珠。饰品制作精良,优美精致,象征着纯真、纯洁的爱,优雅、圣洁。与品牌同系列的发饰及项链一同佩戴可以产生惊人的视觉效果。

CMYK: 13,32,68,0
CMYK: 4,4,14,0

色彩点评

■ 手链枝条部分呈金色,色泽绚丽,光泽夺目,给人华丽的视觉感受,并留下唯美、典雅的印象。

■ 人造珍珠光泽细腻、色泽莹亮,给人优雅、端庄的感受。

■ 金色与白色的搭配既具有金色的华贵,又带有白色的柔和、纯净,具有较强的视觉吸引力。

这款戒指正面带有品牌标志性的"GG"双字母Logo,辨识度较强。单品采用抛光纯银和磨光纯银铸就,花形戒托中的黑色花纹通过沁黑液做就后,形成脉络纹理,造型精致生动。在花形戒托中嵌有清透的蓝色托帕石和树脂,典雅华贵,精致不凡,与配套耳环一同佩戴,更显优雅品位。

CMYK: 10,7,7,0
CMYK: 86,82,82,70
CMYK: 66,31,29,0

色彩点评

■ 饰品以纯银铸就,整体呈银白色,色泽亮丽,明度较高,给人明亮的视觉感受,并留下典雅、精致的印象。

■ 蓝色宝石色泽通透,清凉的蓝色给人清新、明澈的感受。

■ 花形戒托中的黑色花纹与银色戒身形成鲜明对比,使戒指的造型更加精致、生动,更具吸引力。

这款手表在表盘上刻有品牌的名称和山茶花元素，辨识度较强。表壳围绕表盘镶有碎钻，使手表更加璀璨、夺目，给人华贵、优雅的感觉。表带由真皮制成，耐磨性较强，搭配正式的西装，可以完美地展现出绅士风度。

CMYK: 84,82,73,59
CMYK: 18,29,58,0
CMYK: 1,4,0,0

这款胸针造型精致，设计师将其做成为展翼的鸟伏在树枝上的形状，翅膀、头部及树枝由镀金金属制成，带有金属锋锐、冷厉的美感。身体上镶嵌的人造珍珠及宝石使饰品更具华贵、优雅的气息，给人浪漫、精致、唯美的感觉。胸针色泽亮丽，色彩较为鲜艳夺目，具有较强的视觉吸引力。

CMYK: 7,7,7,0
CMYK: 45,94,47,0
CMYK: 8,19,35,0
CMYK: 25,47,59,0
CMYK: 74,63,40,1

这款耳饰的造型形似纯真的少女，花瓣状的裙摆由树脂制成，并搭配同色系珠饰，使整体的造型浑然天成，自然、和谐。饰品整体呈米白色，给人温柔、干净、亲切的感受。

CMYK: 4,4,11,0

这款项链的造型借鉴于同品牌的连衣裙，在坠子外覆有一层银色网格，具有较强的辨识度。迷你的设计可将项链折叠后放置唇膏等小件物品。整体呈银白色，光泽亮丽，璀璨夺目，视觉吸引力较强。

CMYK: 10,8,8,0

6.2.7 围巾

围巾是指系扎在脖子上的，具有保暖及装饰作用的物品，通常由羊毛、棉、丝、腈纶、涤纶等材料制成。一般呈长条形、方形、三角形等，长围巾的两端有时会附有流苏。

这条围巾延续了品牌经典的斜纹格子图案，经典、优雅。丝绸面料手感细腻柔滑，色泽绚丽，给人愉悦的视觉感受。大面积的纯色色块搭配浅色格纹具有较强的视觉吸引力。罗马人物的图案带有复古、典雅的气息，展现出优雅的英伦格调。

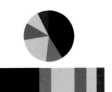

CMYK: 77,72,68,37
CMYK: 12,50,45,0
CMYK: 7,12,21,0
CMYK: 64,34,66,0
CMYK: 9,6,44,0
CMYK: 21,85,70,0

色彩点评

■ 围巾设计有大面积的黑色色块，沉寂、神秘。

■ 斜纹格子图案以米色作底色，红色、驼色、黑色、白色的条纹有序地排列其上，富有层次感与韵律感，典雅、经典。

■ 罗马人物的图案采用红色、黄色和绿色进行搭配，色调偏暗，带有复古的韵味。

这条围巾由粗毛线织就，从外观来看质地较为粗糙稀疏，透气性较好。手感柔软，具有良好的保暖性。围巾尺寸较长，可尝试多种花样系法。围巾尾端及中间的流苏设计，使围巾更加精致。米白色和橘红色的配色明度较高，视觉吸引力较强，曲折的条纹富有韵律感，给人时尚、新潮的感受。

这条围巾由羊毛制成，质地柔软，编织细密，保暖性较好，佩戴舒适温暖。墨绿色的色块与黄色色块形成鲜明对比，视觉冲击力较强，白色长条纹富有韵律感，增强了服饰的层次感。黑色的图案线条流畅，极具设计感与艺术性。墨绿色流苏使服饰更加飘逸、唯美，给人时尚、个性、靓丽的感受。

CMYK: 0,8,9,0
CMYK: 0,68,79,0

CMYK: 17,33,67,0
CMYK: 90,67,78,44
CMYK: 13,7,13,0
CMYK: 87,80,88,71

6.2.8 腰带

　　腰带是指系扎在腰部、具有装饰及实用性的物品。作为服装的配饰，腰带不仅起到收束裤腰、装饰服装的作用，当它处于合适的位置时，还可以在视觉上提高腰线的位置，拉长身形，修饰身材比例。腰带的材质包括皮革、帆布、金属、编织物、纺织品等，根据用料与形状的不同可分为宽板腰带、细腰带、缠绕腰带、链条腰带、丝巾腰带等。

　　这款腰带采用仿鳄鱼纹的人造皮革制成，动物纹理风格鲜明，款式独特，新潮、时尚。仿玳瑁纹搭扣增添了一丝复古气息，搭配棉麻连衣裙或修身的西装外套，收束腰形，可以展现出迷人的身体线条。

CMYK: 34,48,58,0
CMYK: 53,75,93,22
CMYK: 76,76,74,51

色彩点评

■ 腰带整体呈浅棕色，色调柔和，色彩明度较低，格调沉着、内敛。

■ 仿玳瑁纹搭扣采用黑色与咖啡色进行搭配，复古气息浓厚。

■ 腰带整体色彩明度较低，色调柔和，视觉刺激感较弱，给人柔和、朴素的视觉感受。

　　这款金色粗链腰带采用镀金金属制成，光泽绚丽，十分吸引观者的眼球，腰带尾端缀有泪滴形人造珍珠，使单品更具典雅气息。搭配丝质连衣裙或西装外套，可轻松打造出时髦、个性的形象。

CMYK: 6,35,69,0
CMYK: 3,4,5,0

　　这款腰带采用柔软的绒面革制成，手感细腻柔滑。圆形的搭扣复古气息浓厚，流苏边缘飘逸潇洒。棕色成熟、大气，结合复古造型，摩登复古、个性十足。

CMYK: 67,76,78,45

6.2.9 袜子

袜子，是指穿着在脚上的服饰，起到保护脚部的作用，通常由棉、氨纶、锦纶、尼龙、棉纱混纺、真丝、羊毛等面料制成。一般可分为长筒袜、中筒袜、短筒袜、船袜、连裤袜、丝袜、棉袜等。

这双中筒袜采用轻薄透明的网纱制成，质地柔软，穿着舒适，不会对皮肤造成磨损。表面绣有闪耀的星星图案，可使人联想到浩渺的星空和灿烂的星辉。袜筒堆积在脚踝处，勾勒出纤细的小腿线条，既给人精致、优雅的感觉，同时还增添了些许少女气息。

CMYK: 8,16,21,0
CMYK: 5,4,4,0

色彩点评

- 这款中筒袜整体呈肤色，与肌肤本身的颜色贴合，给人一种透明感，又不过分高调。
- 银色的星星图案光泽亮丽，璀璨夺目，极具视觉吸引力，格调唯美、梦幻。
- 星星袜展现出一种甜美的少女气息，与清新、干净的浅调服饰搭配在一起，更加甜美、可爱。

这款连裤袜色彩丰富，红色、粉色和橙色等暖色与蓝色、青色等冷色对比强烈，给人强烈的视觉刺激。抽象图案个性十足，具有较强的辨识度和冲击性，给人留下时尚、个性、大胆的深刻印象。

这款丝袜采用卡通图案的设计，色彩鲜明，富有童趣，给人愉悦、放松的视觉感受。卡通图案使服饰充满趣味性和艺术性，活泼、生动、可爱。色彩纯度较高，色彩明亮醒目，视觉冲击力较强。

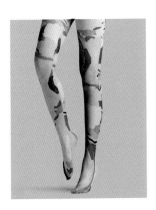

CMYK: 6,16,11,0
CMYK: 2,31,16,0
CMYK: 9,91,82,0
CMYK: 27,4,10,0
CMYK: 97,93,44,10
CMYK: 24,89,17,0

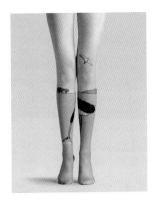

CMYK: 53,9,28,0
CMYK: 18,18,64,0
CMYK: 64,83,73,41
CMYK: 0,8,5,0

第7章

服装与服饰设计
经典技巧

随着时代的发展，关于服装，人们已经不仅仅注重于保护人体这一实用功能，而是对服装的美观性有了更高的要求。设计师需要通过选择合适的面料、色彩、服装款式、图案等，满足人们心理与生理上美的双重享受。从社会角度来讲，服装不仅是人们穿着、装饰的生活必需品，同时还能展现出不同的身份、生活态度以及个人魅力。在本章中，将通过对14个设计技巧的介绍为你提供新的设计思路。

在观察一件衣服时，最先映入眼帘的就是颜色。在服装设计中，色彩具有强烈的艺术感染力与表现力。通过颜色的纯度对比，可以极大地增强服装的层次感；使色彩的冲撞感更强，形成的视觉冲击力更大，在不造成烦躁、厌恶的前提下，给人留下大胆、活泼、醒目的印象。根据色彩纯度的差异，可分为强、中、弱三种不同纯度对比的色彩搭配。

这是一套通过高纯度颜色对比设计的服装，整体呈运动休闲的风格。短款上衣的剪裁设计充满个性，袖口处收紧方便活动，搭配松弛有度的运动长裤，穿着后会给人留下青春、活力满满的印象。

CMYK: 13,90,95,0
CMYK: 99,100,67,57
CMYK: 0,0,0,0

色彩点评

■ 红色上衣与深蓝色运动长裤进行搭配，高纯度的红色和深蓝色的对比，色彩冲撞感极强，增强了服装的层次感，形成较强的视觉冲击力。

■ 红色充满热情，穿着红色可给人留下自由活跃的印象。

■ 红蓝搭配的服装运动感较强，使用白色作为点缀色，为服装增添了一丝柔和的韵味。

这套服装使用中纯度颜色对比的设计，色彩刺激感较弱，形成一种较柔和的休闲风格。休闲套装搭配连衣裙，带有一些混搭的时尚感，同时宽松的版型不会带来束缚感，给人心理和生理上的双重享受。

CMYK: 43,35,33,0
CMYK: 49,18,0,0

色彩点评

■ 天蓝色长裙搭配灰色套装，中纯度颜色对比的搭配给人柔和、放松的感受。

■ 蓝色稳重、干净，这件蓝色的连衣裙减弱了休闲服装的运动感，使整体着装增添了理性的色彩。

■ 服装整体偏冷色调，穿着后可以给人留下理智、稳重的印象，可搭配一些银质的配饰。

将渐变色应用在服装设计中，可以使人感受到色彩独特的视觉美感。以自然风光，如朝霞、海洋等为灵感来源设计的服装，给人带来一种自然、和谐的视觉享受。巧妙地应用渐变色，让不同的色彩合理地过渡，达到整体色彩的和谐有序、丰富整体色彩的同时，增强了服装的表现力和视觉吸引力。

这件礼服长裙使用渐变色设计，整体的颜色和谐过渡，极具视觉吸引力。这款礼服在视觉上呈现华丽优雅的风格，整体采用薄纱面料，裙摆向外散开，可以让人联想到盛开的鲜花，给人留下飘逸、浪漫、充满仙气的印象。

CMYK: 90,86,84,75
CMYK: 46,66,16,0
CMYK: 3,43,32,0
MYK: 4,79,33,0

色彩点评

- 浪漫的紫色、温柔的粉色搭配柔和的橘粉色，呈现一种优雅浪漫的气质，渐变色的应用增强了服装的层次感，形成较强的视觉吸引力。
- 黑色内敛含蓄，搭配黑色使礼服更为端庄优雅。
- 裙摆不同色彩的自然过渡，使服装整体呈现一种和谐美。

这件长裙由领口到裙摆的颜色过渡自然，整体呈暖色调，具有一种张扬鲜活的美感。腰带的搭配勾勒出修长身形，裙身在下摆处开叉，更加凸显穿着者迷人的气质。

CMYK: 0,79,73,0
CMYK: 0,69,76,0
CMYK: 3,33,69,0

色彩点评

- 红色到黄色的过渡使服装整体颜色富有韵律和层次感，具有和谐、自然的美感。
- 红、橙、黄三色易使人联想到明媚的朝霞，使服装具有温暖、鲜活的气息。
- 服装整体呈暖色调，穿着后给人留下热情明媚的印象，可使用一些金饰进行搭配。

7.3 低纯度配色增加童装高级感

儿童的服装首先要注重的是安全性，避免染料对皮肤造成伤害，因此应尽量选择色彩纯度较低的服装穿着，对儿童的健康更加有益。从视觉角度上讲，低纯度的色彩搭配可以使整体服装的色彩更加和谐，给人留下柔和、简约的印象。如以灰色为主的搭配，会展现出儿童文静、稳重的视觉感受。

这套服装采用低纯度色彩搭配方式，改变了一般童装鲜艳的配色，使服装整体风格更加柔和、内敛。羊绒质地的外套保暖性较强，且宽松舒适，适宜儿童穿着。搭配贴身的轻薄打底，既便于儿童活动，又不失温暖。

CMYK: 56,51,58,1
CMYK: 8,6,7,0
CMYK: 24,58,72,0

色彩点评

- 深灰色外套与浅灰色长裤进行搭配，低饱和度的配色使服装呈现温和、简约的风格。
- 灰色内敛含蓄，穿着灰色可以给人留下文静、稳重的印象。
- 低饱和度的色彩视觉冲击力较弱，不会带来较强的刺激感，使服装富有柔和内敛的高级感。

这套服装色彩纯度较低，色彩刺激感较弱，呈现一种优雅、内敛的风格。长款外套搭配腰带的设计，使服装更具时尚感。花朵的装饰使服装在优雅之中又增添了天真、可爱的气息。

CMYK: 27,25,25,0
CMYK: 20,29,29,0
CMYK: 24,58,64,0

色彩点评

- 灰色外套搭配卡其色短裤，低纯度的色彩搭配使服装呈现内敛、柔和的韵味。
- 灰色稳重、含蓄。这件灰色的外套给人留下柔和、典雅的印象，使整体着装极具温馨感。
- 服装整体呈灰色调，较为稳重、沉闷，搭配可爱的配饰可以增加一些活泼感。

　　纯色的服装单调、无趣，设计师在进行服装设计时，可以综合使用各种染料与材料设计出的印花图案使服装更具个性，视觉吸引力更强。一套服装搭配中，带有印花图案的服装可以将人的视线聚拢在图案上，注目性更强。印花图案装饰性强，极大地增强了整体着装的立体感和层次感，提升了穿着者的时尚表现力。

　　在这套服装搭配中，带有印花图案的高腰阔腿裤是人们视线的中心。阔腿裤上的印花图案极具视觉吸引力，形成华丽的视觉效果。腰带的搭配突出身形，修饰身体曲线。华丽的下装与规整的西装上衣形成的对立性使服装更具个性与时尚感。

CMYK: 100,99,54, 18
CMYK: 58,100,9,0
CMYK: 7,6,4,0
CMYK: 89,62,4,0

色彩点评

■ 藏蓝色上衣与印花阔腿裤进行搭配，高纯度的紫色和白色与藏蓝色搭配，使服装极具视觉冲击力。

■ 藏蓝色沉稳冷静，比起带有印花图案的夏装视觉吸引力较弱。

■ 印花的图案增强了服装的艺术性，使服装更加生动，更具立体感与层次感，给人留下时尚、浪漫的印象。

　　这件衬衫的印花以海洋为灵感来源，使用了大量的鱼、珊瑚等元素，但并未大量使用代表海洋的蓝色，而是以红、橙等暖色为主，使服装整体呈现温暖、生动的风格，富有艺术感，比之沉闷的黑色长裤更易吸引视线。腰带的搭配适当地为长裤增加了活跃感。整套服装悠闲、轻松，颇有度假风的韵味。

CMYK: 87,82,78,67
CMYK: 16,15,58,0
CMYK: 16,78,100,0

色彩点评

■ 上衣底色为黑色，使印花图案的色彩更为夺目，视觉吸引力极强。

■ 衬衫的印花图案多使用红色、黄色的暖色，削弱了黑色带来的沉闷感，使服装风格更为活跃。

■ 腰带上的装饰与衬衫色调统一的同时，还使整体服装更加活泼、生动。

7.5 在世界名画、著名的艺术作品中寻找灵感

服装设计与艺术是相关联的，从服装的变化中可以看出艺术在不同时代的演变痕迹。设计师以世界名画为灵感来源，将其运用到自己的设计中，将时尚与艺术相结合，堪称视觉盛宴。

设计师以画家凡高的画为灵感来源，将艺术与时尚结合在一起，设计出这款连衣裙。领口、袖子以及腰间的设计仿若花瓣，增强了服装的设计感，使服装更加优雅浪漫。星空的图案则使服装更加梦幻，给人留下深刻的印象。

CMYK: 4,9,43,0
CMYK: 85,52,19,0
CMYK: 75,68,12,0
CMYK: 89,80,63,40

色彩点评

- 服装整体呈偏蓝的冷调，给人以沉静的感觉，而《星月夜》的图案则使服装极具梦幻、神秘的韵味。
- 腰间的黑色薄纱使服装风格更加沉着，与星夜的神秘气息相呼应。

这款连体裤色调清新，干净、甜美，其造型借鉴了画家毕加索的*Arlequin assis*，在领口和袖口处缝制夸张的花边，使服装具有较强的视觉吸引力，富有个性。规律的方块上缀满亮片，使服装更加精致夺目。

色彩点评

- 领口的花边采用特殊面料，使粉色产生由浅到深的层次变化，增强了色彩的表现力和服装的视觉吸引力。
- 整体服装使用大面积的粉色，给人留下甜美、可爱的印象。
- 蓝色清新、干净，在这款服装中蓝色方块上的亮片使蓝色的光泽感更强，使服装更加精致立体，更富有时尚感。

CMYK: 8,25,11,0   CMYK: 76,31,16,0
CMYK: 88,83,83,73

7.6 通过竖形条纹 拉长身材

　　条纹元素是服装的经典元素之一。条纹元素具有秩序性、方向性、可识别性强等特性，对于人们的视觉方向起到引领作用。将条纹元素应用于服装设计中，需要结合服装的面料、款式等进行设计。利用竖形条纹造成的视觉错觉，可以起到拉长身形、塑造完美体态的作用。使用条纹元素的多是款式简洁大方、没有过多装饰的服装，以此突出条纹的美感。

　　这条高腰阔腿裤使用竖形条纹进行设计，采用经典的黑、白两色进行搭配，款式简单大方，给人留下简洁、干练的印象。竖形条纹可以引领人们的视觉方向，在视觉上起到拉长身形的作用。

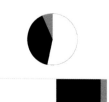

CMYK: 1,0,0,0
CMYK: 91,86,87,78
CMYK: 11,36,71,0

色彩点评

- 经典的黑、白配色在任何时候都不失时尚感，细长的条纹使服装更具层次感。
- 白色是干净纯粹的色彩，黑色则是经典、优雅的色彩，黑、白两色的搭配使穿着者更显干练、优雅、大方的气质。
- 为了避免无彩色的单调，加入带有鲜艳彩色的装饰会为服装增加一些活泼感。

　　这件连衣裙使用了竖形条纹进行设计，整体色调较为柔和，温柔、优雅。一字肩的设计凸显了女性迷人的气质，微喇的袖口修饰了手臂的纤细线条。裙摆以及袖口处的流苏装饰则使服装更具甜美与浪漫感。

CMYK: 5,4,4,0
CMYK: 23,28,20,0
CMYK: 8,4,25,0

色彩点评

- 象牙白色柔和、雅致，搭配裸粉色条纹，低纯度的配色使服装呈现温和、柔美的风格。
- 服装整体色彩饱和度较低，视觉刺激感较弱，优雅、恬静。
- 浅黄色的流苏与连衣裙的色彩产生了微弱的对比，但色彩的冲撞感较弱，服装整体色调较为和谐，给人带来较为舒适的视觉体验。

7.7 运用民族元素
引领风潮

民族元素既具有悠久的历史沉淀感，也具备现代的时尚新鲜感。许多著名设计师将民族元素应用到服装设计之中，如丝绸、刺绣、花鸟纹等，复刻经典的同时融入现代元素，使其更具时尚性。服饰文化的发展需要顺应世界发展潮流，在进行服装设计时，不妨加入一些民俗元素，既体现出一种文化的风格特色，也使服装更加新颖、更有魅力。

这是运用了民族元素进行设计的一件短款夹克，整体带有浓重的民族气息。夹克的肩膀处进行了类似铠甲的设计，搭配高腰长裤，整体呈现一种英气、凌厉的风格。

CMYK: 5,13,74,0
CMYK: 97,84,0,0
CMYK: 49,39,31,0

色彩点评

- 夹克黄色与蓝色搭配，色彩对比较强，可形成较大的视觉冲击力。
- 黄色明亮夺目，活跃感较强，大面积的黄色极具视觉吸引力。
- 黄蓝搭配的服装冲撞感较强，服装中加入灰色，使服装风格更加沉稳。

这件连衣裙的前襟和肩膀处使用了大量的古典花纹，雅致、优雅。轻薄的短款披风不仅不显累赘，反而使服装更加精致，增强了设计感。柔软的面料穿着舒适，带来极佳的体验感。

CMYK: 11,21,22,0
CMYK: 4,67,27,0

色彩点评

- 连衣裙大面积使用肤色，搭配同色的披风，给人优雅、温柔的感受。
- 前襟处的古典花纹以刺绣的方式装饰服装，浪漫的粉色与奢华的金色搭配，使服装更加奢华。
- 柔和的色调使穿着者的气质更加温和，亲切感十足。

女性的服装除了满足穿着这一基本功能外，更要注重观赏性和装饰性。蕾丝元素和荷叶边的造型在女性的服装设计中是重要的构成部分。蕾丝是通透镂空的网状面料，荷叶边则是呈荷叶状向外散开的花边。在服装上增加荷叶边或蕾丝的装饰，会使整体服装呈现浪漫、柔美、优雅的调性，更好地展现女性婉约动人的风采。

这款连衣裙整体呈米粉色，优雅、柔美。整体由蕾丝面料制成，穿着舒适，透气性强。一字肩的造型突出锁骨与肩部线条，腰带则突出腰部线条，起到修饰身形、突出女性柔美气质的作用。

CMYK: 3,9,6,0
CMYK: 9,18,19,0

色彩点评

- 连衣裙整体采用米粉色，色彩饱和度较低，视觉冲击力较小，突出了服装柔和、优雅的调性。
- 米色腰带起到装饰与修饰身形的作用，米色与米粉色的搭配和谐自然，可以给人留下甜美、优雅、浪漫的印象。

这套服装由雪纺和蕾丝面料制成。上衣采用一字肩设计方式，搭配荷叶边的袖子，甜美、时尚。淡蓝色短裤的边缘同样采用花瓣状设计方式，与上衣的造型相协调，整体呈现柔和、甜美的风格。

CMYK: 6,5,4,0
CMYK: 32,15,8,0
CMYK: 16,56,36,0

色彩点评

- 白色半袖搭配浅蓝色短裤，整体呈浅色调，温柔、清新。
- 上衣碎花的设计减弱了大面积白色带来的单调感，使服装更加精致、甜美。
- 浅蓝色清凉、干净，在夏季穿着可以为炎热的夏日带来一丝清凉。

7.9 通过镭射元素体现未来感

未来感是服装设计中热度颇高的话题，设计师通过运用特殊的视觉元素引发人们对未来概念的想象，以此传达未来感。镭射（也称全息色）元素的金属光泽与立体的质感会给人一种"全息"的感觉，这种涂层面料极具科技感和金属质感，表现出明显的未来感。

这件风衣由涂层面料和涤纶面料拼接制成，设计师运用镭射元素的金属光泽展现未来感。风衣的不对称领口和袖子设计感十足，使服装更具个性，适合追求时尚潮流的年轻人穿着。

CMYK: 85,87,73,63
CMYK: 13,11,88,0
CMYK: 63,0,17,0
MYK: 49,83,0,0

色彩点评

- 服装的镭射元素展现的金属质感与经典温柔的波点元素的搭配增强了服装的对立感，使服装更具个性张扬的美感。
- 白色波点点缀在黑色服装上，使服装更加鲜活时尚。

这件运动长裤整体由涂层面料制成，呈现出一种金属的光泽感，炫目的色彩极具视觉吸引力，凸显穿着者的个性、活力。搭配简单的白色上衣穿着，可以给人留下酷味十足的深刻印象。

CMYK: 3,2,2,0
CMYK: 64,5,31,0
CMYK: 40,44,6,0

色彩点评

- 镭射呈现出金属的光泽感以及炫目色彩，视觉吸引力较强，可以给人留下深刻的印象。
- 镭射呈现出较多的色彩，为了减少过多颜色的杂乱感，不应搭配过于鲜艳的色彩，因此搭配简单的白色上衣就能较好地展现出个性与时尚感。

7.10 加入对立元素使服装更加个性立体

在服装设计中将差异较大的面料或配饰组合在一起，使服装产生对立感，更具个性与时尚韵味。面料是服装设计的基本元素之一，不同的面料会展现出不同的特性。如毛料质地厚重，可展现出稳重、高雅、端庄的特点。将其与金属质地的配饰进行搭配，在融合了金属的光感，给人高贵端庄感的同时，也会留下张扬个性的印象。

这套服装加入了对立元素进行搭配，呈现出一种率性与生动的风格。修身的短款皮衣，给人留下英气十足的印象。半身裙的开衩设计使服装更加柔美，搭配硬朗的皮质外套，突出服装的质感，使服装更加个性时尚。

CMYK: 91,76,76,57
CMYK: 58,25,15,0

色彩点评

- 墨绿色上衣与青蓝色运动半身裙进行搭配，使服装整体呈现暗色调，增强了服装的深沉感。
- 青蓝色较为端庄、含蓄，这套服装较大面积地使用青蓝色，突出了女性柔和的一面。
- 服装整体的暗色调较为深沉，可以适当地搭配亮色，以增强活跃感。

这件连衣裙加入了对立元素进行搭配，使服装整体风格富于变化，更具时尚感。这件连衣裙裙身由羊绒制成，既保暖又不失美感，领口处的毛料使服装更加奢华典雅。裙身带有暗纹与花朵的装饰，使服装呈现出优雅、浪漫的风格。腰带的金属质地则在服装的优雅之中增添了一些张扬的美感。

CMYK: 7,10,13,0
CMYK: 34,33,38,0

色彩点评

- 服装整体呈米色，色彩饱和度较低，视觉冲击力较弱，温柔、优雅。
- 金属质地的腰带在光的照射下会形成夺目耀眼的效果，视觉吸引力较强，会给人留下奢华、时尚的印象。
- 服装整体风格较为柔和，搭配同色系的装饰物较为合适。

　　中性风的服装无明显的性别区分，男女皆可穿着。为了寻求硬朗与柔和的平衡，打造出独特个性的中性风格，在进行服装设计时，应尽量使用低饱和度的色彩，以此展现出沉稳、严谨、冷静的特点。如灰色、卡其色内敛、稳重，是大多数人都可接受的色彩。

　　这套服装采用低饱和度配色，使服装整体呈现出一种沉着、稳重的中性风格。驼色卫衣与格纹长裤是男女皆可穿着的服饰。卫衣由柔软的羊绒制成，穿着宽松舒适。格纹的元素增强了服装的层次感，使服装更加帅气精致。

CMYK: 24,42,43,0
CMYK: 69,71,78,40
CMYK: 69,87,88,64

色彩点评

■ 驼色卫衣与巧克力色格纹长裤进行搭配，色彩饱和度较低，视觉冲击力较弱，稳重、成熟。

■ 黑色的格纹与巧克力色形成一定程度的对比，但又形成了较为和谐的色调，增强了服装的层次感与时尚感。

■ 低饱和度的配色使穿着者的气质偏向于稳重、沉着，适宜偏爱中性风的女性穿着。

　　这套服饰搭配色彩饱和度较低，色彩的刺激感较弱，优雅、内敛。休闲宽松的款式带来舒适的体验感。偏暗的色调削弱了女性柔美的特性，使服装风格偏向于稳重、成熟的中性风格。

CMYK: 56,44,61,0
CMYK: 14,13,13,0
CMYK: 95,90,79,73

色彩点评

■ 灰白色针织衫搭配军绿色工装裤，低饱和度的配色内敛、优雅。

■ 军绿色是较难搭配的颜色，这套服饰的搭配则使军绿色时尚感十足。

■ 这套服装的色彩饱和度较低，呈现出干练、成熟的风格，适宜搭配黑色等深色的配饰。

腰带作为服装配饰的重要元素，具有装饰吸睛的作用，同时腰带还有修饰身形的作用。腰带的位置通常是人体的黄金比例分割线，一根合适的腰带不光能起到装饰服装的作用，还能在视觉上提高腰线的位置，修饰身材比例。对于个子不高、腿不够长的女性来说，搭配一根腰带是不错的选择。

这套服装的点睛之处在于加入了腰带进行搭配。服装整体呈现出优雅大方的欧美风格，腰带的搭配提高了腰线的位置，搭配长靴，在视觉上拉长了腿部线条，修饰了身材比例。同时作为装饰品，腰带增强了服装的时尚感和吸引力。

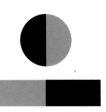

CMYK: 22,38,53,0
CMYK: 93,87,89,80

色彩点评

- 驼色上衣与黑色皮裤进行搭配，服装整体色彩呈现出偏暖的暗色调，格调稳重、温暖、成熟。
- 黑色沉稳大气，同时穿着黑色在视觉上较之亮色更加显瘦有型，黑色长裤搭配黑色长靴更加突出腿部线条，拉长腿部比例。
- 黑色腰带搭配驼色大衣，色彩上形成一定对比，人们的视线更容易聚集在腰带上，起到装饰服装的作用。

这件连衣裙搭配腰带，勾勒出腰间的线条，修饰出修长的身形。裙身使用竖形条纹进行设计，采用了黑白两色的经典搭配，率性、大方。

CMYK: 92,92,75,69
CMYK: 5,5,3,0
CMYK: 7,5,67,0

色彩点评

- 经典的黑白搭配对比鲜明简洁，增强了服装的层次感，大方、直爽。
- 紫色浪漫、温柔，紫色的腰带为服装增添了活泼感，使服装的风格更加柔和。
- 黄色是明亮吸睛的颜色，服装中添加一抹黄色会使服装更具吸引力。

不对称的拼接打破了通常对于形式美的要求，使服装款式不再拘于对称廓形的单调、拘束、无趣。对称款式一般具有稳重、端庄、含蓄的特性，而不对称的设计则使服装更加率性、时尚，更具现代气息，可以更好地展现自我风格。不对称元素是个性且有趣的设计元素，深受设计师的喜爱。

这件采用不对称方式设计的衬衫裙时尚大方，条纹的造型大气干练，在视觉上具有一定美感，并增强了服装的层次感与设计感。左右两边不同的色彩与条纹，使服装更加个性时尚，更能给人留下深刻的印象。

CMYK: 93,90,47,15
CMYK: 5,4,0,0
CMYK: 47,100,93,20

色彩点评

- 深蓝色与白色进行搭配，服装整体呈冷色调，给人留下沉静、成熟的印象。
- 深蓝色深邃、慵懒，与简洁大方的衬衫裙组合在一起，使服装更显大方、优雅。深蓝色的条纹不仅起到装饰服装的作用，同时在视觉上还修饰了身材比例。
- 白色纯净温柔，大面积的白色削弱了深蓝色的冷感，使服装更加温柔。

这件衬衫裙样式简约大方，纯净的白色清爽、干净。衬衫中采用不对称元素拼接设计，使服装更加率性时尚。较长的裙身飘逸优雅，极具垂感，搭配腰带突出了腰间的线条，修饰了身体比例；同时腰带上镶嵌钻石，使服装更加华丽精致。

CMYK: 3,2,2,0

色彩点评

- 衬衫裙整体采用白色，给人温柔、大方的感受。
- 白色纯净、温柔，经典的白衬衫不需要过多的装饰就可以展现出穿着者的气质。

混搭是将不同风格、不同面料的服装搭配在一起，凸显出强烈的个人风格。混搭不是无理由的随意搭配，而是在寻求平衡与和谐的基础上，进行自由随心的搭配。混搭使服装不再呈现出固定的单一风格，如时尚可以与经典并重，使华丽与朴素、自由与庄重的界限不再明显。个性化的自由搭配更易彰显个人风格，展现出独特的魅力。

这套服装将格纹短裙与牛仔衬衫搭配在一起，融合了青春、减龄的学院风格与帅气张扬的休闲风格，使整体风格更加个性自由，时尚感满满。衬衫与短裙上的金属装饰使服装更加华丽繁复，极具视觉吸引力。

CMYK: 84,80,68,49
CMYK: 92,82,0,0
CMYK: 79,82,0,0

色彩点评

- 短裙主要以蓝色和紫色为主，浪漫优雅的紫色与沉静大方的蓝色组合在一起，给人深邃、典雅的感受。
- 黑色神秘严肃，黑色的上衣穿着后英气、有型。
- 大面积的深色过于沉闷、难以接近，搭配白色高筒袜，为服装增加了些许柔和。

这套服装将针织衫、短裙、休闲外套搭配在一起，具有一种独特的魅力。针织内搭与短裙温柔内敛，而个性的外套则酷感十足，组合在一起具有一种随性与张扬的美感。

CMYK: 9,18,66,0
CMYK: 93,73,0,0
CMYK: 0,87,68,0

色彩点评

- 黄色长袖搭配深蓝色外套，高纯度的黄色与深蓝色形成鲜明的对比，增强了服装的层次感，形成较强的视觉冲击力。
- 红色、黄色、蓝色都是纯度较高的颜色，视觉刺激感较强，加入一些较柔和的白色会使服装更具吸引力。